人类健康的金钥匙
——壳寡糖

陈耀华　主编

中国医药科技出版社

内 容 提 要

本书是配合中国卫生健康万里行活动，为向大众普及健康新理念而作。全书共分三章，第一章重点阐明了人体第六生命要素——壳寡糖的来源、结构、性质、制备方法及其生理功能。第二章阐述了甲壳糖、壳聚糖的基本概念、研究历史、来源、结构性质、生产技术、生物学功能及其在医药卫生、健康保健中的重要用途。第三章介绍了健康的定义及其标准。此外，该书辑录的诗歌、名言警句、谚语格言及时尚用语等健康箴言，言简意赅，富于哲理，可使读者从中获得情愫共鸣。本书适合所有热爱生命、重视健康的人们阅读。

　　"壳寡糖与人类未来健康工程"是造福人民的一项健康工程！工程的开展，必将使更多的人认识壳寡糖，受益于壳寡糖！

——中国科学院院士　张树政

壳寡糖与人类未来健康工程
正 式 启 动

2008 年 1 月 23 日，"壳寡糖与人类未来健康工程启动仪式暨新闻发布会"在北京人民大会堂隆重召开。此次活动由中华预防医学会、中国未来研究会、中国生物工程学会糖生物工程专业委员会、中国科学院大连化学物理研究所格莱克壳寡糖研究中心、《保健时报》社联合主办。全国政协原副主席王文元等领导和中国科学院院士张树政等专家学者出席了本次大会，中华预防医学会副秘书长、保健时报社社长高峻璞和中央电视台著名节目主持人沈力共同主持了本次大会。

本次大会上，张文范、孙隆椿、齐谋甲、蔡纪明等领导对"壳寡糖与人类未来健康工程"的启动给予了高度评价，他们一致认为工程的启动必将对树立科学的健康观念、提升疾病预防意识、促进国民健康、积极推动建设和谐社会产生巨大影响。张树政、曹竹安、康乐、林锦湖、李天德、杜昱光等专家分别作了"壳寡糖研究与人类健康"的主题发言和专题报告，中央电视台、人民日报等多家新闻媒体全程参与了本次大会。

此活动将陆续在全国各地区启动，在全国范围内开展糖生物工程与人类健康科普讲座、发放健康资料、免费健康检测、与著名专家面对面健康咨询等各种公益活动，积极推动国家发改委公众营养改善 OLIGO 项目。

①

②

③

④

图注：

①中国卫生健康万里行——壳寡糖与人类未来健康工程启动，参会的领导和专家共同触摸工程启动球！（左起：蔡纪明、张树政、张凤楼、张文范、程连昌、孙隆椿）

②国家民政部原副部长、中国未来研究会会长张文范（右）为"壳寡糖与人类未来健康工程"执行委员会授旗。

③国家卫生部原副部长、全国政协教科文卫体委员会副主任、卫生部全国卫生产业企业管理协会会长孙隆椿（左）为"壳寡糖与人类未来健康工程"执行委员会授牌。

④大会现场。

全民参与　自我保健
预防为主　人人健康

卫生部原副部长　孙隆椿

　　健康是人类最大的财富，人的健康有赖于每个人自我的珍惜与保护，提高群众保健意识，是新时期党和政府工作的一项重要内容，在整个医疗保健工作中具有重要地位。

　　我国是一个人口大国，正在逐渐步入老龄社会，疾病呈现高发期。发展卫生咨询服务，倡导群众开展自我保健，增强身体素质，及时贯彻预防为主的方针，有效实施健康、保健和疾病预防的任务，显得尤其重要。为了使广大群众摆脱疾病的困扰，预防各种疾病的发生，"壳寡糖与人类未来健康工程"的成立是非常及时的、重要的！在人民群众急需正确的健康保健方法的时候，及时地带来了科学保健知识和温暖。愿工程执委会谨守"全民参与、自我保健、预防为主、人人健康"的宗旨。通过开展"壳寡糖与人类未来健康工程"向全国人民普及壳寡糖与人类健康科学知识，增强群众自我保健意识，丰富健康保健知识，提高人民群众的健康生活水平。在此，我衷心希望通过此次公益活动，社会各界都积极采取有效措施，大力配合组委会的工作，逐步在全国开展壳寡糖科学知识的宣传活动，为构建和谐社会做出更多、更大的贡献。

壳寡糖与人类未来健康工程是一个面向全国、关乎民生、关乎中老年人、关乎现在和未来的健康工程

民政部原副部长、中国未来研究会会长、中国老年大学协会会长　张文范

世界上最宝贵的是人，人最宝贵的是生命，生命最宝贵的是健康，没有健康就没有一切。党的十七大报告指出"健康是人全面发展的基础，关系到千家万户的幸福"。壳寡糖与人类未来健康工程是一个面向全国、关乎民生、关乎中老年人、关乎现在和未来的健康工程。

糖生物学是目前继基因组学、蛋白质组学研究之后，生命科学最前沿的领域，壳寡糖是世界生物医学界公认的第六大生命要素，我们国家对壳寡糖的研究课题也相应列入了国家"九五计划"、"十五计划"科技攻关项目和国家"十一五863计划"。

知识创造健康，科学改变体质，壳寡糖保健产品的问世是提高人类生活水平、生命质量的一项重要举措，为了贯彻落实党中央国务院对人民群众健康的关怀和重视而成立的"壳寡糖与人类未来健康工程"必将对我国人民健康水平的提高起到积极的推动作用，为提高广大人民的生活质量做出积极的贡献！

糖生物工程对人类的健康
具有重大的发展潜力

中国科学院生物局局长、博士生导师　康乐教授

非常高兴能够应邀出席"壳寡糖与人类未来健康工程启动仪式暨新闻发布会",正像刚才几位专家所介绍的那样,糖生物工程对人类的健康、环境的保护、农业和生物产业具有重大的发展潜力。

这项研究在中国科学院也是重点支持的领域,希望大家能够在糖生物学发展的过程当中逐步认识糖的生物学功能,特别是寡糖的生物学功能,将它正确地使用在治疗疾病、保障健康和人类的相关生活方面。

21 世纪是糖工程的世纪

中国生物工程学会副理事长兼秘书长
清华大学生物与食品化工研究所所长、博士生导师　曹竹安教授

糖工程是从 20 世纪末我国一直努力推进的一个生物技术的领先领域,从中国生物工程学会成立以后,在第三次常务理事会上就决定成立糖工程的专业委员会,这次会议对促进我们全民的身体健康有着极其长远的意义。

曾经有人对我说过:20 世纪是蛋白质的世纪,而 21 世纪将是

糖工程的世纪。

这是一个很好的起点，我祝愿这次大会取得圆满的成功！

壳寡糖与人类未来健康工程
对促进保健工作具有积极的意义

中华预防医学会副会长兼秘书长　蔡纪明

大家知道，健康是我们现在共同关注的一个永恒的主题，在我们人类的历史发展当中，孜孜不倦的追求健康和长寿。那么如何掌握科学的手段，这就需要我们利用科学知识来推动我们的预防和保健工作。正像党的十七大报告中明确指出的"健康是人全面发展的基础"，并且在这个报告当中强调"预防为主的方针"，我们要坚持预防为主，中西医并重，要为广大老百姓健康的生活方式和科学的保健创造条件。

"中国卫生健康万里行？壳寡糖与人类未来健康工程"启动仪式在此举办，将对广大人民群众掌握健康科学的生活方式，利用现代的科学手段，来促进我们人体的健康和保健工作，具有积极促进的意义。这次会议的举办将是我们中国卫生健康万里行的一个开始，我们将会在全国各地相继举办类似的活动，来普及广大人民群众对利用壳寡糖保健的科学知识，对健康有益的保健知识。这对我们国家在预防疾病、提高全民健康水平方面，又提供了一个新的方式、新的方法和手段。

因此我们举办这样的活动，将会对我们建设和谐的小康社会起到积极的作用。

科技前沿的生物技术，必将造福千家万户

原国家医药管理局局长　齐谋甲

健康工作一个不变的方针就是"预防为主"，健康工程由行业协会、科研中心、新闻媒体五大机构强强联合，将发挥各自的优势和特点，在全国范围内开展对于糖生物学知识的普及，增强疾病预防意识，建立自我健康管理观念。

糖生物学与糖生物工程是 20 世纪末才开始蓬勃发展的一个科学领域，近 20 年来，糖生物学研究取得了很重要的成就，目前很多国家对糖生物学的研究都给予了足够的重视和支持。发达国家早已投巨资期待解开糖的奥妙，利用糖为人类造福。我们国家近年来，对糖的研究也加大了力度，特别是对壳寡糖的研究已经成为这个领域的焦点。我相信随着健康工程的深入，科技前沿的生物技术，必将造福千家万户。

壳寡糖与人类未来健康工程
为人民带来更多健康、快乐和美好的生活

中央保健委员会专家、全军科委心血管内科专业委员会顾问
国家食品药品监督管理局药品审评专家、
博士生导师 李天德教授

多年的临床工作经验使我体会到，现在特别是精神的压力、不良的生活方式、不良的饮食结构，这些方面都对我们的健康构成很

大的威胁，所以就希望能够有更多、
更好的药物来开发，为广大人民群
众的身体健康做出更大的贡献。

希望"壳寡糖与人类未来健康
工程"在不久的将来能够为广大人
民群众带来更多健康、快乐和美好
的生活！

糖生物工程产业将成为 21 世纪的主流产业

中国生物工程学会糖生物工程专业委员会副主任委员
国家科技部中国生物技术发展中心研究员、
北京大学生物系原副主任　林锦湖教授

糖生物工程是继基因工程、蛋白
质工程之后最引人注目的一个崭新的
生物技术领域，被科技界称为是第三
代生物技术。它已经广泛地应用于医
药、农业、食品、化工、能源、环保
等领域，一个新兴的糖生物工程产业
正在 21 世纪崛起，有人认为，这个新
兴的糖生物工程产业将成为 21 世纪的主流产业。

十几年来，中国科学院大连化学物理研究所生物技术部 1805
组也就是天然产物与糖工程课题组，对壳寡糖进行了系统的不断深
入的研究，取得了一系列拥有自主知识产权的成果，他们的壳寡糖
的制备技术已经达到了国际先进水平，同时，壳寡糖研究成果，在
市场上推广，也得到了广大用户的良好反映，证明了壳寡糖具有丰
富和活跃的生物活性，在保健食品方面、在保证公众的健康方面，
是十分有效的！

序一

　　党的十七大报告强调提出："要坚持公共医疗卫生的公益性质，坚持预防为主，完善国民健康政策，鼓励社会参与，建设覆盖城乡居民的公共卫生服务体系……推动建设和谐社会。"

　　在卫生部的大力倡导与组织下，由中华预防医学会、中国未来研究会、《保健时报》社、中国生物工程学会糖生物工程专业委员会、中国科学院大连化学物理研究所格莱克壳寡糖研究中心共同发起并举办的"中国卫生健康万里行——壳寡糖与人类未来健康工程启动仪式暨新闻发布会"于2008年1月23日在北京人民大会堂举行，这是贯彻党的十七大精神，配合国家发改委公众营养改善OLIGO项目的一个重大行动，它吹响了中国卫生健康万里行的进军号角，必将大大推动我国的健康事业和全民健康教育工作的迅速发展，对坚持"预防为主"卫生工作方针，构建和谐社会将产生深远影响。

　　生命要素——壳寡糖是神奇的物质，对人类未来健康有着不可估量的作用。糖生物学是继基因组学和蛋白质组学之后的第三个里程碑。它们对生命科学的发展和在医药、工农业领域等的应用前景，已引起世界各国的高度重视。

　　《人类健康的金钥匙——壳寡糖》一书问世，迈开了中国卫生健康万里行的步伐。从一定意义上说，它是"宣言书"，它是"播种机"，它宣传、大力弘扬"预防为主"卫生工作方针，播种全民健康的种子，对建立自我保健理念，提升疾病预防意识，提高公民的健康和生命质量，会产生积极的影响和效果。它可以作为健康和生命的指导书，家庭和公众的良师益友，专业人员的培训教材，消费者必读的科普读物。书中推荐的"健康箴言"富于哲理,发人深省,耐人寻味,铭刻在心,终身受惠。正如德国哲学家尼采所说,"优良的名言和警句,不管任何时代都和食物一样,不但有滋养,而且能活上几世纪"。总之,这本健康教育科普读物值得一读,壳寡糖是一把开启人类健康之门的金钥匙。

中华预防医学会副秘书长

《保健时报》社社长

高峻璞

2008 年 2 月

序 二

健康长寿，乃人类永恒主题。然今时，环境严重污染，不良饮食结构，快速生活节律，日积月累的精神压力，乃至生活习惯违反自然规律，影响着人们的健康，致使高血脂、高胆固醇血症、高血压、心脑血管病、糖尿病、癌症、痛风及免疫异常疾病发病率不断攀升，成为危及人类健康的现代病。"壳寡糖与人类未来健康工程"之启动，吹响了向现代病宣战的号角，成为人类抗御疾病的又一里程碑。

壳寡糖，乃继基因工程、蛋白质工程之后，第三代生物工程——糖工程最具代表性产物之一，为生物学领域又一新成就，掀开了生物科学新篇章。壳寡糖，甲壳素衍生物之一，人体第六生命要素，来源于虾蟹壳，自然界唯一带正电荷的线性结构动物多糖，称为动物纤维素。其分子量较小，溶于水，易被肠道吸收，为功能性保健食品原料，具有预防疾病，保持健康及抗衰老作用。希腊医圣希波克拉底认为"人体机能具有治疗自身所有疾病的能力，人体疾病可凭借自身的机能进行治疗。"达到自我治愈的目的。壳寡糖生理功能具有整体性，能活化全身各系统器官所有细胞，全方位调整人体生理功能，使之达到平衡，从而实现提高自我治愈的能力。壳寡糖与药物不同，药物乃对症治疗，有速效性，治疗过程疾病症状可能暂时好转，但停药后症状可能再现，且有副作用。而服用壳寡糖则有迟效性，但当症状消失后永不复现，且无副作用，乃治本之道。因之，壳寡糖可谓现代病之宿敌，人类的"救世主"，赋予人们以健康、快乐与幸福。

《人类健康的金钥匙——壳寡糖》一书，介绍了健康的定义及其新理念。亦介绍了糖生物学及糖生物工程进展及其意义。特别是深入重点详尽地阐明了壳寡糖来源、结构、性质、制造方法及其生理功能。同时亦阐述了甲壳素、壳聚糖的基本概念、研究历史、来源、结构性质、生产技术、生物学功能及其在医药卫生领域的重要用途。该书不仅是公众必读之科普著作，亦是有关研究者重要参考书。此外，该书辑录的诗歌、名言警句、谚语格言及时尚用语等健康箴言，言简意赅，富于哲理，启人心志，动人心弦，从中获得情愫共鸣，心灵领悟，智慧启迪，美妙愉悦，赋于世人广阔思维空间。欣慰之余，乐为之序。

中国药科大学生命科学与技术学院

博士生导师　李继珩　教授

2008 年 5 月

21世纪是生命科学的世纪，是以人为本、以健康为中心的世纪。

　　党的十七大报告指出："健康是人全面发展的基础，关系千家万户的幸福。要坚持公共医疗卫生的公益性质，坚持预防为主，完善国民健康政策，鼓励社会参与，建设覆盖城乡居民的公共卫生服务体系。着力保障和改善民生，努力使全体人民学有所教、劳有所得、病有所医、老有所养、住有所居，推动建设和谐社会"。

　　"加快推进以改善民生为重点的社会建设"是党的十七大报告的一个鲜明特点，充分体现了党中央坚持以人为本、执政为民、热爱人民、关心群众的深厚情怀。健康是民生之基。健康是做好工作的基础，是为人民服务的前提，也是家庭幸福与社会和谐的关键。

　　健康长寿——人心所想，人心所思。

　　"关爱生命，关爱健康"、"助老事业，无尚光荣"、"构建和谐社会"已成为全社会的共识。

　　为了响应党的十七大精神和国家"十一五"计划，在卫生部的大力倡导与组织下，中华预防医学会、中国未来研究会、中国生物工程学会糖生物工程专业委员会、《保健时报》社、中国科学院大连化学物理研究所格莱克壳寡糖研究中心共同组织成立"中国卫生健康万里行——壳寡糖与人类未来健康工程"，在全国范围内开展国民健康预防科学与糖生物工程科普讲座活动，积极配合国家发改委公众营养改善OLIGO项目，旨在推进民众健康，提升疾病预防意识，建立自我健康管理观念，推动共建和谐社会的公益事业。

　　糖类的研究已有百年的历史，许多研究成果表明，糖类是生物体内一类重要的信息分子。生命科学的最新发现：现代疾病发生的根源之一是"细胞糖链结构受损"。

这是一个全新的概念。这一发现是继基因组学、蛋白质组学研究之后生命科学探索的又一里程碑！研究发现，当人体细胞表层的糖链发生变化，细胞本体也会随之变化。细胞的生命过程是通过糖链传导而完成的，新发现影射出一个新结论：不是基因调节细胞，而是细胞表层的糖链在时刻地调控着细胞的状态。同时发现，糖参与了细胞变化的全部过程！

蛋白质、核酸和多糖是构成生命的三类大分子。糖生物学与糖生物工程是当今生命科学研究的前沿领域。糖在细胞的构建、细胞的生物合成和细胞生命活动的调控中扮演着重要角色。分子结构不同的寡糖，恰似开启生命活动之门的钥匙。

壳寡糖源于动物纤维素——甲壳素，是自然界中唯一带正电荷的膳食纤维，是甲壳素衍生物 壳聚糖的降解产物，是一种低聚糖，也称为寡糖，而且是目前仅知的唯一碱性寡糖，与人类生命健康有着极为密切的关系。

令人关注的是，近些年来，国际、国内壳寡糖的研究开发取得了可喜的显著成果，神奇的甲壳素类物质（或其衍生物）——甲壳素、壳聚糖、壳寡糖的生物学作用及其应用前景在全球产生轰动效应。不但被国际学术界确认为"人体第六生命要素"，也有很多赞誉，诸如："人体免疫激活剂"、"人体免疫卫士"、"人体环保剂"、"人体清道夫"、"人体杀毒软件"、"人体软黄金"、"人类健康的金钥匙"等，西方国家还称之为"人类现代病救世主"。甲壳素类物质是地球上仅次于植物纤维素的第二大天然生物资源，是近年来在国际上颇为引起轰动的一种特殊物质，它的研究和应用在全球掀起热潮并引起各国瞩目，对人类社会的发展与进步有着巨大的作用，并将发生一系列革命性的变革。甲壳素类物质的研究开发将是 21 世纪高新科技竞争的制高点之一，尤其是在生物医用材料、医药领域以及工业、农业等领域的研究开发应用的前景十分广阔。

本书旨在用科学发展观，依靠科技进步和科技创新成果，普及宣传甲壳素类物质尤其是壳寡糖知识和卫生保健知识，提高广大人群健康和生活质量，提高所有人的生命质量。此书是在＂中国卫生健康万里行——壳寡糖与人类未来健康工程＂的感召下应运而生的，又是在我国生命科学界、糖生物学界和壳寡糖研发专家们的鞭策、鼓励下完成的。特别是得到中国科学院大连化学物理研究所天然产物与糖工程（1805）课题组、山东科尔生物医药科技开发有限公司以及许多国内著名专家、学者的精心指导，在此表示衷心的、诚挚的谢意！对书中所引用文献资料和研究成果的作者一并表示感谢！

辑成此书，以飨读者。赠人以物，赠人以财，不如赠人以健康之金玉良言。

万里之行，始于足下。愿普天下所有关爱健康，珍惜生命的人们，快乐、健康、长寿、幸福！

中国科学院大连化学物理研究所格莱克壳寡糖研究中心
陈耀华
2008 年 2 月

前言

目　录

第一章　壳寡糖与人类健康

一、第六生命要素的由来 ……………………………………… 3

（一）现代"文明病"与壳寡糖缺乏 ……………………… 3

（二）壳寡糖与第六生命要素 ……………………………… 5

二、糖生物学与糖生物工程 …………………………………… 8

（一）糖生物学与糖生物工程的由来和含义 …………… 8

（二）糖链的结构和作用 …………………………………… 9

三、神奇的壳寡糖 ……………………………………………… 16

（一）糖类与糖链 …………………………………………… 16

（二）壳寡糖的定义 ………………………………………… 17

（三）酸性体质与壳寡糖缺乏是"糖链受损"的重要原因 …… 18

（四）壳寡糖与糖链 ………………………………………… 20

（五）壳寡糖演绎生命科学的最新发现 ………………… 21

四、壳寡糖的保健功能和作用机制 ………………………… 23

（一）免疫调节 ……………………………………………… 23

（二）防癌、抗癌、抑制癌细胞转移 …………………… 25

（三）调节血脂 ……………………………………………… 28

（四）调节血压 ……………………………………………… 30

（五）调节血糖 ……………………………………………… 32

（六）强化肝脏功能 ………………………………………… 34

（七）增强胃肠功能 ………………………………………… 35

（八）抗衰老和抗疲劳 ……………………………………… 36

（九）清除自由基 …………………………………………… 38

（十）排除重金属离子 ……………………………………… 39

（十一）壳寡糖与氨基葡萄糖在体内的代谢 ………… 41

（十二）服用壳寡糖及壳聚糖后的调整反应 ………… 41

第二章 甲壳素类物质的化学特性和生物活性及应用

一、甲壳素类物质的概念和来源及生物功能 …………… 47
  （一）甲壳素类物质的概念 ……………………… 47
  （二）甲壳素的来源 ……………………………… 48
  （三）甲壳素的生物功能 ………………………… 50

二、甲壳素类物质研究开发的历史简况 ………………… 52
  （一）国外简况 …………………………………… 52
  （二）国内简况 …………………………………… 53

三、甲壳素及其衍生物的制备 …………………………… 56
  （一）甲壳素和壳聚糖的制备 …………………… 56
  （二）碱性甲壳素的制备 ………………………… 58
  （三）微晶甲壳素的制备 ………………………… 58
  （四）壳寡糖（寡聚糖、低聚糖）的制备 ……… 59
  （五）甲壳素单糖及其主要衍生物的制备 ……… 61

四、甲壳素类产品质量要求和质量标准 ………………… 63
  （一）甲壳素的性能和结构测试 ………………… 63
  （二）甲壳素的质量要求 ………………………… 63
  （三）甲壳素产品质量标准 ……………………… 64
  （四）国内外壳聚糖产品主要技术指标 ………… 65
  （五）日本企业标准壳聚糖质量指标 …………… 66
  （六）影响生产质量相关的指标内容 …………… 66
  （七）黏度（分子量）与人体健康的相互关系 … 67

五、甲壳素类的化学结构和特性 ………………………… 69
  （一）甲壳素类的名称 …………………………… 69
  （二）甲壳素的化学结构和特性 ………………… 70
  （三）壳聚糖的化学结构和特性 ………………… 71
  （四）纤维素的化学结构和特性 ………………… 73

六、甲壳素类的理化性质 ………………………………… 74
  （一）一般理化性质 ……………………………… 74

　　（二）物理特性 ……………………………………… 74

　　（三）化学特性 ……………………………………… 75

七、甲壳素类的化学结构修饰 ………………………… 78

　　（一）化学修饰的目的性 …………………………… 78

　　（二）甲壳素衍生物的化学结构和化学构成 ……… 78

　　（三）常用的化学修饰类型 ………………………… 81

八、甲壳素类物质的生物活性 ………………………… 85

　　（一）甲壳素类在人体内的代谢 …………………… 85

　　（二）甲壳素类的生物特性和毒性毒理 …………… 86

　　（三）甲壳素类的生物活性 ………………………… 88

九、甲壳素类在医药领域中的开发和应用 …………… 90

　　（一）医用缝合线 …………………………………… 90

　　（二）人工皮肤 ……………………………………… 90

　　（三）止血和伤口愈合材料 ………………………… 91

　　（四）隐形眼镜和人造泪材料 ……………………… 91

　　（五）医用透析膜和中空纤维及吸附剂 …………… 92

　　（六）人造血管和医用骨质代用品 ………………… 92

　　（七）药用载体及缓释制剂 ………………………… 93

　　（八）增加难溶药物生物利用度 …………………… 94

　　（九）抗癌制剂 ……………………………………… 94

　　（十）免疫促进剂 …………………………………… 95

十、甲壳素类在工农业领域中的开发和应用 ………… 96

　　（一）化学工业 ……………………………………… 96

　　（二）食品工业 ……………………………………… 98

　　（三）化妆品工业 ………………………………… 100

　　（四）轻工业 ……………………………………… 101

　　（五）农业 ………………………………………… 102

第三章　健康新理念

一、健康的定义和标准 ………………………………… 107

（一）WHO 确定健康的 10 项标准 ·················· 108

（二）中国老年人 10 条健康标准 ················ 109

（三）健康家庭 5 条标准 ·················· 109

二、老龄化和平均寿命及健康寿命 ················ 110

三、人的自然寿命及长寿老人和长寿地区 ············ 112

（一）生长期推算法 ·················· 112

（二）细胞分裂周期推算法 ················ 112

（三）性成熟期推算法 ·················· 112

四、亚健康和现代"文明病" ·················· 115

（一）亚健康 ·················· 115

（二）现代"文明病" ·················· 115

（三）健康十大危机 ·················· 116

（四）健康杀手 ·················· 116

五、养生和自我保健 ·················· 118

六、维系健康的六大要点 ·················· 121

附 录

一、壳聚糖、壳寡糖等与几种金属盐相作用的实验 ·········· 125

二、常见医学检验正常参考值简表和处方常用拉丁文缩写 ····· 128

三、健康箴言录和长寿养生歌 ·················· 133

参考文献 ·················· 147

第一章

壳寡糖与人类健康

第 六 生 命 要 素 的 由 来

（一）现代"文明病"与壳寡糖缺乏

空气、日光、水、土壤等是人类赖以生存的必要环境。在生态系统中，人类生命还需要通过食物链的能量传递和营养物质的转换来维持。人们知道，蛋白质、脂类、糖类、维生素和矿物质是生命的五大要素，缺一不可。由于社会的不断进步和医疗保健水平的日益提高，即使人体内缺少上述任一要素，都会通过各种方式得以有效补充，从而确保人体健康。

人类在改造客观世界，改造大自然，创造物质文明与精神文明的同时，极大的改善了自身的生存条件，提高了平均寿命和健康水平。然而也面临着许多困扰和挑战：粮食、资源、环境、人口、教育、和平、发展……其中最大的困扰、与地球上每一位公民都息息相关的乃是健康问题。据估计，全世界 65 亿人口中，健康人口约占 1/4，疾病人口约占 1/4，其余 2/4 为介于健康和疾病之间（亚健康状态）的人口，并且人类在创造高度文明的同时，也制造了现代"文明病"（简称"现代病"）。在疾病人口中约有 60% ~ 70% 患有"现代病"——高血压及动脉粥样硬化性血管病、心脑血管病、癌症、糖尿病、肥胖病以及包括艾滋病在内的各种免疫疾病。而且据国内外资料统计表明：上述疾病的患病率高、致死率高、致残率高。这"三高"对各国国计民生的潜在影响已成为一种不可忽视的全球性问题。

请看两组数据（以中国为例）：

第一组数据：中国 1949 年前的平均寿命是 35 岁，1988 年为

70 岁，2006 年为 71.8 岁，而健康寿命（健康人的自然寿命）为 62.3 岁，居世界 81 位。

第二组数据（以 2004 年卫生部公布中国居民营养与健康现状报告为主）：

超重和肥胖人口 2.6 亿（中国占全球第一位）；

高血压人口 1.6 亿（成人患病率 18.6%，城乡差别不明显）；

血脂异常人 1.6 亿（成人患病率 18.6%，城乡差别不明显，中老年患病率接近）；

血糖异常人口 4000 万（日趋年轻化，青少年糖尿病占全部 5%）；

癌症患者 160 万/年。

其中心血管病死亡率占世界第一位，脑血管病死亡率占世界第二位，癌症 20 世纪 90 年代已上升为第一位死因。

这些触目惊心的数字表明，近二十几年来，"现代病"越演越烈，且难以查出其确切的原因，当今医学界也还找不出卓有成效的办法来彻底根治这些病症。在这方面，日本学者进行大量调查，发现大多数人体内并不缺乏赖以生存的蛋白质、脂类、糖类、维生素、矿物质五大生命要素。而且 20 世纪 50 年代前也没有或很少有人得癌症、心脑血管病、糖尿病、肥胖病等。那么现在这些"现代病"患病率如此之高的主要原因是什么呢？国际学术界把它归纳为 4 个方面：①环境的严重污染；②农药、化肥及杀虫剂的大量使用、滥用；③现代的生活节奏和工作压力使人的精神负担过重；④不良的饮食结构和饮食习惯。如吃细粮比例增大，吃速冻食品（含防腐剂、添加剂等）比例增加等。在这四方面中又以前三者为主要原因。使人体内赖以平衡的许多重要物质（尤其是壳寡糖）严重缺乏，可导致一些糖链受损，进而导致人体内生物活性下降，杀菌排毒功能低下；骨质缺少韧性，排泄系统不畅，体内垃圾堆积，酸性产物过剩，身体疲劳乏力等。由此显示出糖链对人类健康确有意想不到而又非凡的特殊作用，它关系到人的健康，关系到人的生命。这与美国学者马凯伊1934年饮食与寿命呈逆向关系的老年学实验"马凯伊效应"有异曲同工之处。

过去补充人体壳寡糖的方式主要来源于植物。植物不含壳寡糖，但大都能从其表面分泌出消化酶，节肢动物（昆虫）及含有甲壳素的真菌一旦停留在植物上面，动物及真菌身上的甲壳素被植物消化酶消化、吸收，使其细胞活性化而茁壮成长，同时提高了植物的防御反应。人们食用含有甲壳素的植物，也就补充了壳寡糖，这就是一种食物链。然而，由于环境的严重污染，农药、化肥及杀虫剂的大量使用使昆虫及真菌数量明显减少，尤其是广施农药等；蔬菜生产大棚化，致使植物、粮食、蔬菜、水果中的含甲壳素的微生物及昆虫等含量显著减少。因此人们普遍缺少壳寡糖，形成壳寡糖缺乏综合病症。究竟壳寡糖具有哪些生理功能？概括地说，有如下几方面：

△ 保持大便通畅，减少有害物质吸收。

△ 抑制肠道癌症的发生。

△ 降低胆固醇，有益于动脉粥样硬化和胆石症的防治。

△ 降低血糖，有助于糖尿病的防治。

△ 防止热能过剩，控制肥胖。

△ 维护肠道菌群的生态平衡，有益于长寿。

△ 能吸收化学药物、农药、洗涤剂以及食品添加剂中的有害因素，有预防多种有关疾病发生之功效。

既然壳寡糖与人类健康有着极为密切的关系，特别是与"现代病"又有着直接或间接的相关，那么由于环境污染、农药、化肥、杀虫剂大量使用等原因造成现代人缺乏壳寡糖又如何来补充呢？

（二）壳寡糖与第六生命要素

甲壳素是目前发现的自然界中唯一带正电荷的可食性动物纤维素，是一种天然氨基多糖、高分子化合物。是近年来在国际上颇为引起轰动的一种特殊物质。甲壳素来源广泛，主要来源于虾、蟹壳以及一些昆虫和菌类当中，是地球上仅次于植物纤维素的第二大生物资源，可说是取之不尽，用之不竭的天然生物资源。然而，由于它不溶于水、稀酸、碱和其他有机溶剂，以致长期以来这种物质被视为垃圾而自然流失。直到近40年，特别是近10多年，随着科技的发展，尤其是糖生物学与糖生物工程的发展，甲壳素作为壳寡糖的基础物质，才被各国科学家所重视。甲壳素为大分子物质，不溶于水，很难被人体吸收、利用，甲壳素经过化学方法处理脱掉乙酰基就成为壳聚糖，壳聚糖在胃酸及溶菌酶的作用下，已经可以部分被人体吸收、利用，其主要作用在人体肠道。壳聚糖经过酶解可以变成小分子的壳寡糖，壳寡糖几乎百分之百的可溶于水。这样它就能穿透人体组织，而存在于血液、淋巴、各脏器和骨骼中，它具有人体亲和性、杀菌性以及能排胆固醇、氯离子、重金属和放射性核素的性能，能够阻断癌细胞转移，活化肌体细胞，增强人体免疫功能，调整体液酸碱度，从而对现代人易患的癌症、心脑血管病、糖尿病、高血压病、高脂血症、肥胖病、肝病等有乐观的疗效。因此，适时、适量地予以补充甲壳素类物质（壳聚糖、壳寡糖），对维持机体健康和提高抗病能力显得格外重要。目前不仅将其作为功能性保健品应用，而且用于某些疾病的治疗或辅助治疗也收到了可喜的效果。在日本把该产品作为保持健康、预防疾病、防止老化的首选的功能性保健食品，而且是唯一被政府准许宣传有疗效的功能食品，又经美国食品、药品管理局（FDA）批准以及欧共体（FC）批准生产，现已成为风靡全球的营养品和保健品。随着现代医学、营养学和生命科学的发展，科学家们发现甲壳素类物质，具有特殊的生物活性和多种生理调节功能，可全方位调节人体功能，补充人体必需的纤维素，增强机体免疫力，于1991年被国际学术界称为继蛋白质、脂类、糖类、维生素和矿物质之后的人类第六生命要素。

1996年12月21日中国《健康报》周末版以显著标题刊登

"甲壳素——不可忽视的生命要素"。此间，《人民日报》、《光明日报》、《科技日报》、《中国医学论坛报》、《中国中医药报》、《中国食品报》、《中国消费者报》、《中国妇女报》等报刊都撰文介绍甲壳素（壳聚糖、壳寡糖）在工业、农业，尤其是在医疗、保健等方面的开发和利用价值。

糖生物学与糖生物工程

（一）糖生物学与糖生物工程的由来和含义

1. 糖生物学与糖生物工程的由来

糖生物学与糖生物工程是 20 世纪 90 年代初才开始蓬勃发展而引起世界注意的一个学科领域。

糖生物学（glycobiology）是英国牛津大学 Dwek 教授在 1988 年《生化年评》中撰写的"糖生物学"综述，提出这一名词，标志了糖生物学这一新的分支学科的诞生。

1989 年日本创刊了《糖科学与糖工程动态》杂志，1991 年又实施"糖工程前沿计划"，包括糖工程学和糖生物学，后者又分为糖分子生物学和糖细胞生物学，还出版了专著《糖工程学》。

2. 糖生物学的含义

糖生物学是研究生物体糖链的生物学作用，研究细胞糖链结构和功能的新兴科学，是继基因组学、蛋白质组学研究之后生命科学第三个里程碑——糖组学，是国际第三代最新生物技术，是 21 世纪的前沿工程——糖工程。其研究的领域包括：糖化学、糖链生物合成、糖链在生物体中的功能、糖链操作技术等。

这门新兴学科既有深远的理论意义，又和人类健康和动植物生长有着密切的关系。糖生物学涉及许多生物学科，如分子生物学、细胞生物学、病理学、免疫学、神经生物学等。

1993 年美国首届"糖工程"会议上，著名糖生物学家、会议主持人 Hart 说：生物化学中最后一个重大的前沿，糖生物学的时代正在加速来临。又说：糖生物学是生物化学和生物医学交叉点的科学。在著名《Science》杂志上写道：糖生物学是当前生命科学研究的最前沿领域，也是人类对生命探索的最后一个巨大的研究领域。

3. 生命科学的又一里程碑

20 世纪生物化学的发展，70 年代以基因工程为标志，80 年代以蛋白质工程为标志，90 年代则以糖工程为标志。活性多糖的时代已经来临，其中最引人注目的是源自海洋生物被誉为人体第六生命要素的碱性壳寡糖。

21 世纪生命科学的研究焦点是对多细胞生物的高层次生命现象的解释，因此，对生物体内细胞识别和调控过程的信息分子——糖类的研究是必不可少的。糖生物学是全面揭示生命科学研究的重要组成部分。

随着糖生物学基础研究的发展，用于糖生物学研究的方法和技术，以及把基础研究所得成果进一步转化为生产技术等方面的研究也备受重视，"糖工程学"的兴起也是极为自然的了。有科学家预言，21 世纪是糖的世纪，是生命科学的又一里程碑。

（二）糖链的结构和作用

1. 糖链的结构和功能

糖链结构非常复杂，打比方说，3 个核苷酸组成一个寡核苷酸，它可能的序列只有 6 种，如果 3 个单糖组成的糖链，它可能的序列排列的方式将上 3 万种。糖链是最大的生命信息库。

细胞表面是由细胞外被（糖萼）、细胞膜（质膜）和膜下溶胶层三者构成，是包围在细胞质外层的一个复杂结构体系和多功能体系。覆盖在细胞外被上的糖链，由于糖基的排列顺序、种类、数目和结合部位的不同，使糖链种类千变万化，常呈网状（也称糖链网），是细胞相互识别、粘着、信号接收、通讯联络、免疫应答的分子基础。糖链与细胞膜的蛋白质、脂质结合成的糖复合物（糖缀合物 glycoconjugates），如：糖蛋白、糖脂、蛋白多糖，作为受体、细胞标记、抗原决定簇等，参与细胞粘着、细胞识别、免疫活性等多种生理活性功能。糖蛋白和糖脂上的糖链是酶、蛋白质、病毒、一些毒素、激素及细胞免疫有关因子的受体位点。而氨基葡萄糖及 N – 乙酰氨基葡萄糖参与了重要蛋白质的糖基化。

蛋白质是生命的体现者，没有蛋白质就没有生命。人血浆中有上百种蛋白质，其中不下 90% 是糖蛋白。糖链可保证糖蛋白的亲水性，也就是保证这些蛋白质能溶于水。专家们认为，这是生命存在的前提。而且糖链保护蛋白结构的稳定性，减少它的破坏。糖蛋白分子上的糖链结构极其复杂和微妙，蛋白质由于所结合的糖链的数目、种类及糖与糖之间的链接位置不同，其性质和功能也大相径庭。

所有生命现象都是机体内细胞外信息的传导，并最终在细胞内产生特定效应的信号传导和调控的过程。糖链另一主要功能是作为信号分子，糖链所含信息量比核酸和蛋白质大几千倍，即作为细胞识别的主要标记物——细胞身份证、细胞信息传递物质、细胞的"天线"。

还应强调的是，人体免疫细胞之间相互识别、相互应答、相互支援，这些信息传递是由糖链网完成的。糖链网的完整可保护细胞不受病原体侵害。

糖链能左右人体健康，主要是因为糖链具有三大功能：细胞身份识别功能、基因信息传导功能、蛋白调节和控制功能。

2. 糖链——细胞的身份证

血型在输血、组织和器官移植及法医鉴定中十分重要。人类血型主要是 ABO 型。血型为 A 和 B 的人，红细胞表面分别具有 A 和 B 型抗原，其血清中则分别存在着抗 B 和抗 A 的抗体。O 型血红细胞表面不存在 A 型和 B 型抗原，而具有 H 血型物质（或 H 抗原），是 A 和 B 两种抗原的前体，其血清中同时存在抗 A 和抗 B 抗体。1960 年，Witkins 确定了 ABO（H）的抗原决定簇是糖类，H 抗原的前体是糖脂或糖蛋白中糖链非还原端上的二糖——半乳糖 – N –

乙酰氨基葡萄糖（Gal - N - GLcNAc）。由于糖基连接方式不同，形成了以糖链为基础的不同的血型。也就是说，区分哪一类型红细胞（ABO 型），其依据就是它们的身份证——细胞表面覆盖的糖链，糖链就是细胞的身份证。

细胞表面充满了糖链。在这些糖链中，糖脂就像地面的草皮，脂质部分是根，上面露出短的糖链，糖蛋白像大树，根深叶茂，主干为跨膜蛋白，上面可以看到有一至多条像天线的糖链，它们是细胞间传递信息的收发者。正是因为各类细胞的糖链结构各不相同，才为各类细胞勾勒出了个性的面孔，即不同的细胞拥有不同的身份证。

3. 没有糖链就没有生命

20 世纪 60 年代发展起来的分子生物学，在核酸及其表达产物蛋白质水平上阐明生命现象已取得突出的进展和重大成就。如人类基因组和水稻基因组的研究已有了重大进展。酿酒酵母和美丽线虫等低等生物的基因组测定业已完成，但试图利用它们来阐明多细胞的生命现象还是远远不够的。

糖生物学确信，糖作为构成生命的三大类分子之一，其中所包含的丰富信息，足以帮助我们揭示多细胞生物的生命奥秘。大量的实验研究证明，糖链是生物体内最重要的信息载体之一，和 DNA 不同的是，糖链的作用不是储存信息，而是通讯和识别信息，不同结构的糖链传递着不同的信息。糖链直接为细胞核基因传导内外界的信息信号，供基因作出判断和行使反作用（表达或对抗）。

糖生物学研究证实，精子卵子结合就靠糖链的识别，而不是靠基因，卵子透明带上的糖链扮演了"红娘"、"月下老人"角色，而在之后发生的受精、着床等一系列过程，糖链的中介作用就是让精卵进行结合的重要保证。糖生物学家研究发现：精子和卵子是通过糖链的识别才结合到一起的。由此看来，如果没有糖链，生命也许就无从开始。而且，通过改变体细胞的糖链，可控制不同细胞的生长、发育甚至死亡。研究发现，调控细胞生命过程的不仅是基因和蛋白质，更重要的是附于细胞表层的糖链。

在首届国际糖生物工程会议上，有科学家预言，糖生物学将是生命科学领域最后一个广袤的研究前沿。以它高出核酸和蛋白质几个数量级的信息量来看，糖链应该是最大的生命信息库，可以肯定的是，糖链在生物体内的功能绝不仅仅是细胞的身份证。

4. 糖链与疾病

糖作为构成生命三大类分子之一，其知名度远不如核酸和蛋白质，但它的活跃程度却毫不逊色。科学家们研究发现无处不在的糖参加了几乎所有的生命活动过程，细胞借助糖链通讯、识别及信息传递来参加各种生命活动，当然也包括疾病的发生和发展，这使得很多研究者开始热衷于发掘糖链与疾病之间的关系，为攻克疑难杂症寻找新的出路。

病毒性肝炎一直是威胁人们生命的主要疾病之一，人们希望能找到从根本上杀死病毒的方法，但直到目前为止，还没有明确答案；另一方面，糖生物学家却有新的发现：糖链在多细胞生物体内的主要功能是通讯识别；细胞借助糖链间的通讯和识别来参与和完成各种生命活动；与通讯识别同样重要的是糖链的调节功能，特别是对蛋白的调节作用，人体中的蛋白质大多数是以糖蛋白的形式存在，而糖链直接控制着蛋白的折叠与合成，蛋白上糖链的修饰决定了蛋白的合成是否合格，形象的说糖链就是蛋白生产线上的质量控制员，只有通过它们最后的确认，才能生产出合格的蛋白，而且这种质量调节是具有特异性的，因此更加精确，如果我们能找到针对病毒复制和解释的蛋白，并阻断对这个蛋白合成折叠的调节作用，那么就会造成病毒这个关键蛋白的缺失，通过这种方法可阻断病毒传播。

科学家们通过试验证实，只要抑制 6% 的细胞糖链加工，就可使乙肝病毒的分泌降低 99%，而更重要的是这种治疗方法对人体没任何危害。这是糖链与疾病研究中众多突破性发现的一个。科学家们通过研究已经证实了糖链与多种类型疾病的发生和发展有着因果关系，糖链结构发生改变，往往就是引起疾病的根源，这一点让人们对很多疾病有了全新的认识。通过对糖链的研究，而且有望跨越器官转移中免疫排斥的鸿沟……。所有这些不管是基础研究还是临床研究，都有非同一般的创新意义。

糖生物学最新研究发现：能够左右人体疾病的并不完全是基因和蛋白质，而"细胞糖链结构受损或异常"是现代疾病的发生根源。

糖链左右人体健康，人体的生、老、病、死都与其体内的细胞结构成分——糖链有着直接的关系。通过改变体细胞的糖链可控制不同细胞的生长、发育甚至死亡，可使人体各种疾病痊愈，使身体康复。从另一角度讲，只要细胞的糖链结构完整，细胞即可完成准确的表达过程或免疫过程，因此，生物体就会保持健康的状态，不会生病。相反，如果细胞的糖链出现损失，细胞免疫信号必然受到影响，细胞免疫就受到影响，甚至丧失免疫。而且，糖链的残缺越严重，疾病的发展也越严重。如果细胞的糖链受损，导致的是基因表达错误或变异，这就意味着疾病的开始阶段，是人们不容易感觉到的。由此我们可以了解到疾病和衰老的主要原因是：糖链受损→蛋白质变性→错误环境信息传导→基因错误表达→失去平衡→疾病，这是人体免疫机制的全过程。

糖链作为生物信息分子参与细胞生物几乎所有的生命和疾病过程，一切细胞以及生命形式变化都与糖链的变化有着直接的关系。也就是说，只要人们控制细胞中糖链的结构变化，就能左右细胞的变化。人体所有疾病的发生与愈合过程都与糖链变化有着直接关系。其中包括癌症、糖尿病以及各种心脑血管疾病等。

因此，可以说，糖链是预防疾病和治疗疾病的一把金钥匙。它为生命科学研究明确了发展的方向，为人类开拓了走向健康的康庄大道。

不同细胞的糖链受损将导致不同的疾病，可见"糖链受损或异常是百病之源"。仅举例说明：

（1）免疫球蛋白分子的糖链异常会引起自身免疫疾病，如类风湿关节炎、肾小球肾炎（免疫球蛋白 A 性肾病）。各种自身免疫性疾病均有相应的自身抗原。已知糖链作为自身抗原的疾病有：自身免疫性甲状腺炎、红斑狼疮等，也有人认为糖尿病与此有关。

（2）糖链的缺失会导致体液酸性化引起"三高症"。

（3）糖链缺损会造成免疫力瘫痪，引发各类疾病。

（4）糖链在流感病毒感染中的作用及与结合特异性的发现，对流感病毒的诊断、预防、治疗都有十分重要的意义。与流感病毒结合的是含唾液酸的糖链，唾液酸是连在糖链的末端，是流感病毒结合的位点。

（5）糖蛋白糖链的改变是各种肿瘤发生的早期特征。糖链结构是由参与糖链合成的各种糖转移酶的活力所决定，某一糖基转移酶活力的增减可直接影响糖链中某一糖残基数量，所以恶性肿瘤糖基转移酶活力的变化必然带来细胞合成的糖蛋白上糖链结构的相应变化。今将 7 种恶性肿瘤这些酶活力变化列于表 1 - 1。此外，在食道癌、乳腺癌等癌组织中也见有 N - 乙酰葡萄糖胺转移酶（GL_cNA_cT）的改变。

表 1 - 1　恶性肿瘤 4 种糖基转移酶活力的改变

恶性肿瘤	$GL_cNA_cT - Ⅲ$	$GL_cNA_cT - Ⅳ$	$GL_cNA_cT - Ⅴ$	A1，bfuct
原发性肝癌	少数增高	增高	明显增高	升高
胆管癌	明显增高	增高	明显增高	明显增高
胰腺癌	明显增高	明显增高	不变	未测定
肾癌	明显降低	降低	增高	未测定
恶性葡萄胎绒毛膜上皮癌	增高	明显增高	未测定	
白血病	增高	未测	增高	增高

一些糖蛋白或糖脂可作为某些癌细胞的标志物，用于癌症的诊断、监测或预防的判断。例如，AFP 是肝癌的早期诊断指标；PSA

是前列腺癌的诊断指标；CA – 125 是卵巢癌的诊断与监测指标；CEA 可监测结肠癌、乳腺癌及肺癌的复发。特别重要的是，癌细胞表面的某些糖链结构的改变具有鉴别良性与恶性疾患的作用。一些糖链结构还具有判断预后的意义。

总之，作为第三代最新生物技术的糖生物工程，生物科学界用一连串的"最"给予高度评价：最新的生命科学前沿学科是糖生物学，最大的生命信息是糖链，最聪明的免疫物质是寡糖，最有活性、最有效的寡糖物质是壳寡糖。

神奇的壳寡糖

（一）糖类与糖链

　　糖类是自然界存在量最大、分布最广的有机化合物。绿色植物的根、茎、叶，水果中含的葡萄糖、果糖、蔗糖、淀粉及纤维素，哺乳动物乳汁的乳糖、肝脏和肌肉中的糖原，都是糖类。

　　糖类根据其分子能否水解以及水解产物组成情况，可将糖类分为单糖、低聚糖（寡糖）和多糖。单糖是由单个糖分子组成的糖，如葡萄糖、果糖；经水解生成 2～20 单糖的化合物统称低聚糖；水解后生成 20 以上单糖分子的化合物称为多糖。

$$
糖类
\begin{cases}
单\ 糖
\begin{cases}
六碳糖:葡萄糖(C_6H_{12}O_6)\\
五碳糖:核糖、脱氧核糖(组成核酸的重要成分)
\end{cases}\\
低聚糖
\begin{cases}
植物性二糖:蔗糖(甘蔗、甜菜)、麦芽糖(麦芽)\\
动物性二糖:乳糖(乳汁)
\end{cases}\\
多\ 糖
\begin{cases}
植物性多糖:淀粉(大米、面粉,植物细胞中的储能物质)\\
\qquad\qquad\ 纤维素(植物细胞的基本骨架)\\
动物性多糖:糖原(包括肝糖原和肌糖原,动物细胞储能物)
\end{cases}
\end{cases}
$$

　　糖类根据其主要作为生物体能源、组织结构成分者称为能量糖（葡萄糖、果糖、蔗糖、淀粉等），每克糖在人体内可产生 4.1kcal 热能；而把不产生热能但具有多种生理活性性能和信息识别、通讯、传递及调控等生物功能者称为功能糖，如壳寡糖。

　　调控细胞生命过程的不仅是基因和蛋白质，更重要的是细胞表层的糖链。细胞通过糖链传递着生命的信息，糖链参与了细胞生命活动的全过程，人的生、老、病、死都与糖链的变化和糖链受损有着直接的关系。

由于糖链结构的复杂多变性，物理和化学分析手段的滞后，百余年来对糖的认识几乎没有多大进展，仅仅是作为生物体内的能量和结构物质被认识。20 世纪 70 年代以来，随着分子生物学的发展及分析技术的进步，尤其是各种专一的内切糖苷酶和外切糖苷酶的纯化和使用，糖链结构和功能的研究再次成为生命科学的热点和前沿。

（二）壳寡糖的定义

具体说来，壳寡糖可以这样表述：

（1）壳寡糖是自然界唯一的带正电荷、呈碱性、水溶性的低聚糖（寡糖）。

（2）壳寡糖是可被人体吸收的动物性纤维素和膳食纤维。

（3）壳寡糖是甲壳素类物质（甲壳素衍生物），是甲壳素脱乙酰基的壳聚糖的降解产物，又称聚氨基葡萄糖或低聚糖葡萄糖胺。

（4）壳寡糖是人体必需的第六生命要素。

（5）壳寡糖是人体细胞膜表面糖链中最重要最有活力最有效的功能糖。

（6）壳寡糖是长寿因素。甲壳类生物（虾蟹）生命抗病能力大大超过脊椎动物和人，其抗逆差异在于这些生物体内含有壳寡糖物质。

（7）壳寡糖因其独特的化学结构和生物活性特性，显示出神奇的生理保健功能和广泛的应用前景，具有重要的生理和药理意义。

（8）壳寡糖被人们赞誉为："人体环保剂"、"人体清道夫"、"人体杀毒软件"、"人体软黄金"、"人体免疫卫士"、"人体免疫激活剂"，西方国家称作"人类现代病救世主"，归根结底是"人类健康的金钥匙"。

壳寡糖的分子式为：$(C_6H_{11}NO_4)_n$　n（聚合度）$= 2 \sim 30$

壳寡糖的化学结构式为：

壳寡糖具有显著的生物学特性：

吸附性：与脂类、糖类、氯离子等负电荷物质吸附，螯合重金属。

还原性：抗氧化作用、抗自由基、抗衰老、抗疲劳。

碱性：中和酸性物质，改善酸性体液，可使体内 pH 偏向碱性 0.5 个单位。

特异性：与细胞特异性结合，激活细胞，提高免疫力。

（三）酸性体质与壳寡糖缺乏是"糖链受损"的重要原因

1. 酸性体质

人体是由 70% 的体液和 60 万 ~ 100 万亿个以上细胞构成的。细胞生活在体液环境中，体液正常，细胞才能正常生长并发挥生理功能。人体体液正常酸碱度呈弱碱性，pH 为 7.35 ~ 7.45。若体液 pH 经常低于 7.35，细胞、酶、激素等活性受抑制，组织器官功能下降，人体免疫力降低，这时在医学上就称为"酸性体质"。陈可冀等 18 位院士在《中国科技报》发表文章指出："酸性体质，百病之源"。日本著名医学博士莜原秀隆的研究也表明：体液酸性化是百病之源。

酸性体质是如何形成的呢？简单的说，酸性体质是体内碱性物质不足造成的，人体在新陈代谢过程中，产生了酸性的中间产物和最终产物，如二氧化碳、磷酸、硫酸、尿酸、甘油酸、乙酰乙酸、丙酮酸、β-羟丁酸、乳酸、脂质等。正常情况下，人体会利用大量的碱性物质（如蔬菜、水果、坚果、绿茶等碱性食物消化分解后在体内生成钠、钾、钙、镁、铁等）来中和酸性物质，以维持体内的酸碱平衡。酸性体质都由什么原因引起的呢？人类赖以生存的内外环境的改变，尤其是不良的饮食结构（如高蛋白、高脂肪、高糖饮食）和饮食习惯造成的营养过剩为其主要原因，加之环境污染、农药、化肥、杀虫剂等滥用，人们吸入了有害空气和含有有害元素的饮用水、食物后，产生的酸性物质滞留在体内会更加造成体液酸性化。此外，如运动不足、不健康生活方式以及生活、工作节奏加快加重精神心理负担等等超过人体自身的调节能力，都可以造成或加重体液酸性化。

酸性体质的人，细胞活性降低，各种酶活性下降，可导致细胞表面"糖链受损"，易使人体发生各种病变甚至死亡。例如人体体液 pH 每下降 0.1 个单位，胰岛素活性将下降 30%；pH 为 7.2 时正是 SARS 病毒所喜欢的酸碱度；pH 低于 6.85~6.95 时，细胞糖链会严重受损，使基因突变而发生癌症；pH 低于 6.9，人会变成植物人；当人体酸碱度长期为 6.6~6.7 时，人难以逃脱死亡的恶运。总之，正如诺贝尔奖获得者美国医学家雷翁所说：现代疾病的产生和难以治愈与酸性体质有关。

2. 壳寡糖与酸性体质

如前所述壳寡糖缺乏引起的一系列人体症状，既可表现为酸性产物过剩，还可使"糖链受损"引发各种疾病。而壳寡糖是改善酸性体质的糖类有效物质，这是因为：

（1）壳寡糖携带的游离氨基（—NH_2）能结合人体内多余的氢离子（H^+），如多余的胃酸，从而形成大量带正电荷的碱性氨基基团，可以把 H_2O 中的氢离子夺过来，从而改善酸性体质。

（2）可将体内酸性代谢产物分解、吸附、排出体外，增强血液循环，提高新陈代谢水平，提高机体活力。

（3）壳寡糖可将体内的重金属、有毒有害物质吸附、螯合并排除体外，起到排毒作用。

（四）壳寡糖与糖链

正常的生态平衡和生物链如下：

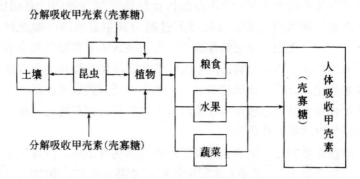

由于甲壳素（壳寡糖）生物链被从大自然中中断，才出现如前所述的纤维素或甲壳素（壳寡糖）缺乏的综合病症甚至各种现代疾病。

日本甲壳素协会理事长松永亮博士发现，人到中年后自我合成壳寡糖的能力几乎完全丧失，必须依赖外援从食物中补充。然而，大自然壳寡糖食物链的中断，加之不健康生活方式等都促使体内壳寡糖大量流失，人体得不到壳寡糖的补充，受损的细胞糖链得不到及时有效的修复，导致各种疾病发生。

壳寡糖糖链相当于细胞免疫系统的雷达天线，细胞通过它向基因传递外界信息；它传递信息的准确性又与糖链的完整性有着直接的关系。基因是通过获取的信息进行辨析后再发出免疫指令。因此糖链是否健全与完整关系到人体的免疫功能，关系到人体的健康。

本来在数百万亿的人体细胞中，少数细胞糖链受损是不会影响健康的，因为人体自身具有强大的免疫能力和自我修复能力。但是，细胞糖链的自我修复能力，必须有两个前提：一是必须调理体内大环境，将体液 pH 调整到正常状态即弱碱性；二是必须为修复细胞糖链提供充足的原材料，即壳寡糖。

壳寡糖具有调节体液 pH 和修复受损糖链的独特功能，不过只有在分子量降低到一定程度时才表现出来，选择适当的方法对壳寡糖进行降解制备低分子量的壳寡糖显得尤为重要。中国科学院大连化学物理所天然产物与糖工程（1805）课题组首先采用了酶降解与膜分离耦合技术，形成了具有自主知识产权的壳寡糖生产技术，不仅解决了壳寡糖的聚合度，而且还保全了壳寡糖的生物活性。研究成果表明，壳寡糖的聚合度及其含乙酰基团的多少决定着壳寡糖生物活性及其功能，这方面的研究成果大化所也是居于领先地位。

（五）壳寡糖演绎生命科学的最新发现

20 世纪 80 年代末，日本医师松永亮博士曾在其著名的《神奇的甲壳质》中，给甲壳素（壳聚糖、壳寡糖）这样的评价：我从大量的临床中发现，甲壳素（壳聚糖、壳寡糖）比万灵丹还灵！他应用甲壳素（壳聚糖、壳寡糖）的病例多达一万多例。

壳寡糖之所以有神奇的生理保健功能，正是由于它具有特殊的化学结构和生物活性。壳寡糖是天然糖中的唯一大量存在的带正电荷的碱性氨基多糖，它同时具有游离的氨基和羟基，因而具有显著的生物活性和保健功能。而且壳寡糖无毒、可生物降解、生物相容性好。壳寡糖水溶性大于 99%，人体吸收率 99.88%，从而比壳聚糖具有更优越的生物活性和保健功效，它是安全的纯天然功能性保健食品。

壳寡糖是国家批准的保健食品和药品的重要原料。截至 2006 年 12 月 31 日，卫生部和国家食品药品监督管理局已经批准了 10 多种壳寡糖保健食品。壳寡糖的功能涉及到中国保健食品可以受理的 21 种保健功能中的 8 种：调节免疫、调节血糖、调节血脂、调节血压、缓解体力疲劳、对化学性肝损伤有辅助保护功能、改善胃肠道的功能（润肠通便）、辅助抑制肿瘤。

壳寡糖的保健功能可概括为：

四调：调节免疫力、调节酸碱平衡、调节神经系统、调节内分泌系统。

四排：排除有毒物质、排除放射性核素、排除重金属、排除多余脂肪。

三降：降血糖、降血脂、降血压。

三抑：抑制癌细胞及毒素、抑制多种细菌、抑制氧自由基。

壳寡糖以其神奇的魅力，正在生命科学界演绎科学之巅，为人类未来健康保驾护航。

壳寡糖的保健功能和作用机制

（一）免疫调节

美国哈佛大学医学博士包格尔曾说：人体 80% 疾病都与免疫功能的退化和失调有关，80% 的死亡都与免疫力的崩溃和终结有关。

人体的整个免疫系统是由防御、监测、稳定三部分组成。防御系统是对人体内的抗原物质、病原微生物、自身衰老的细胞及产生突变的细胞产生应答反应；监测系统是保证吞噬细胞、巨噬细胞、自然杀伤细胞（NK 细胞）和激活淋巴细胞达到对体内病原微生物、异物和癌细胞的监控作用；稳定系统使防御和监测二者平衡。

机体对病原生物不同程度抵抗力的表现——免疫活性，是由特异性免疫防御系统来完成，它又可分为体液免疫和细胞免疫。其过程是：

抗原物质进入机体后，由巨噬细胞（血细胞的一种——单核细胞）吞噬处理，并将抗原信息传递给免疫活性细胞——B 细胞和 T 细胞。

B 细胞又叫骨髓依赖性细胞，占血中淋巴细胞总数的 10% ~ 15%，它接受抗原信息后转化为浆母细胞，并分化繁殖为浆细胞，浆细胞合成并分泌抗体，抗体释放至体液中，并随血液循环分布于全身，执行免疫任务。当再次与相同抗原相遇时，即形成免疫系统复合物，使抗原失去毒力，并激活补体（为一组非活性形态的存在血液中的复合蛋白质，当补体被活化时，则具有溶解异种细胞作用），供抗原分解，或是吸引巨噬细胞并将抗原吞噬清除，此为体液免疫。

T细胞又叫胸腺依赖性细胞，占血中淋巴细胞总数的75%～80%，它接受抗原信息后，转化为淋巴母细胞，并分化繁殖成大量的致敏淋巴细胞，然后进入血液循环，执行免疫作用。当相同抗原再次进入机体与致敏淋巴细胞相遇后，致敏淋巴细胞释放出多种淋巴因子（如转移因子、干扰素、白细胞介素等），以清除、破坏或杀灭抗原性异物，发挥特异的免疫作用，此为细胞免疫。

此外，还有另一种免疫活性细胞—K细胞（NK细胞），也叫杀伤细胞（自然杀伤细胞）约占人体内淋巴细胞总数的5%～15%。K细胞所杀伤的靶细胞，主要是比微生物大的病原生物（如寄生虫）或恶性肿瘤细胞等，K细胞这种细胞外杀伤作用，可将其清除。K细胞又称抗体依赖性细胞毒。NK细胞不需抗原激活和抗体协助，可直接杀伤靶细胞，是消灭癌变细胞的第一道防线，以外周血、脾、淋巴结中活性最高。此为非特异性免疫。还有淋巴因子激活的杀伤细胞、攻击肿瘤细胞——LAK细胞，在提高机体免疫力、抗癌抑癌上有重要作用。

除上述免疫活性细胞外，巨噬细胞以及血液中的单核细胞、粒细胞等吞噬细胞均在免疫过程中发挥重要作用。

倘若因某种原因引起异常，免疫活性过于增强可引起变态反应性疾病（外源性）或自身免疫性疾病（内源性）免疫活性降低时，易患反复感染、传染病、癌症。

壳寡糖可大大增强人体的免疫功能，可在免疫反应的激活物质补体上调节免疫状态实现双向调节，降低过敏和变态反应，提高外因疾病和人体老化造成的免疫功能低下。

壳寡糖的免疫调节作用在于：

（1）提高NK和LAK细胞的活性。实验表明，将NK细胞活性提高4～5倍，将LAK细胞功能提高3倍左右。这些细胞对内环境的pH变化非常敏感。当（H$^+$）上升，即pH下降时，这些细胞的活性下降，使非特异性免疫功能受到抑制和破坏。由于壳寡糖能

吸收 Cl^- 和 H^+，又可提高 HCO_3^-，所以对改善内环境非常有效。

（2）提高免疫巨噬细胞和免疫 T 细胞的活性，实践表明，可使其活性提高 2 倍以上。

（3）可间接提高免疫 B 细胞的活性。

（4）促进淋巴因子生成，促进白细胞介素 I 、II 的生成持久性。

总之，壳寡糖进入人体后，形成阳离子基团，与人体细胞有亲和性，能够通过细胞免疫、体液免疫和非特异性免疫等多条途径全面提高人体免疫力。同时，壳寡糖可直接作用于人体中枢免疫器官造血干细胞，使免疫细胞在分化过程中数量增加，质量提高，从根本上调节人体的免疫功能。

（二）防癌、抗癌、抑制癌细胞转移

1. 预防癌变

癌细胞是机体内细胞在新陈代谢更新时发生畸变而形成的，这种畸变，在身体 60 兆以上个细胞更新之际会经常发生。健康人每天有时也会产生 1 万个以上癌细胞，但人体内存在着的可以识别癌细胞与正常细胞并能杀死癌细胞的淋巴细胞，如巨噬细胞、NK 细胞、LAK 细胞等，它们会迅速攻击突变的癌细胞，将其杀灭，通常是不会形成癌症的。

当由于某种原因（如免疫功能低下），上述细胞无法发挥作用时，癌细胞就会在体内增殖而发病。日本奥田拓道教授对癌症中心800 位患者的调查显示，血液淋巴细胞中的 NK 细胞活性愈低，癌症发生率愈高，壳寡糖是带有碱性基团的寡糖，能使血液 pH 向碱性偏移，从而激活淋巴细胞，使它处于最佳活性状态（可将 LAK 细胞活性提高 3 倍，NK 细胞活性提高 4.5 倍）。

淋巴细胞杀死癌细胞的作用，在 pH7.4 左右最为活跃。癌细胞产生量化突变的条件是体液酸性化，使淋巴细胞不容易活跃起来，而壳寡糖恰恰可以改善和预防体液酸性化，使 pH 倾向碱性

0.5 个单位，使体液能保持在适合淋巴细胞杀死癌细胞，癌细胞难以生存的环境，从根本上预防癌症的发生。

2. 抗癌、抑制癌毒素

壳寡糖是带正电荷的膳食纤维，癌细胞表面的糖链都是带负电荷的，壳寡糖会在癌细胞表面形成密集的包裹体，并吸附癌细胞，起到：

（1）杜绝癌细胞的养分供应，使其分裂减少，制约癌细胞的分裂。

（2）减少癌细胞代谢产生的酸性废弃物，从另一方面改善癌细胞周围的酸性环境，创造一个癌细胞很难生存和分裂转移的环境条件。

（3）减少癌细胞向周围释放的各种酶（溶脂酶、水解酶、蛋白酶等），减少因各种酶对周围健康细胞的催化。

癌症患者大多食欲减退，体重急速下降，病情快速恶化，这是因为癌细胞增殖的同时，释放出几十种有毒物质引起的，其中一种毒性较强叫"毒性激素王"。它作用于人脑，使其失去食欲并分解体内脂肪使之日益消瘦。还降低血清中的铁质，产生贫血，患者体力衰竭，抵抗力减弱，癌细胞可侵蚀正常细胞。壳寡糖可有效抑制癌毒素，同时还有很强的吸附作用，可以吸附癌毒素，有效去除恶液质，从而改善症状，增加食欲，减轻痛苦。实践表明，服用壳寡糖的癌症病人表现得都比较明显。

3. 抑制癌细胞转移

癌症形成难以根治，是因为癌细胞具有独特的转移现象。实际上大多数因癌症而死亡的人，都是因为癌细胞转移恶化而造成的，控制癌细胞转移是癌症研究的核心课题。1991 年日本北海道大学的研究小组，成功地发现壳聚糖（壳寡糖）可阻止癌细胞的转移。其机制是：癌细胞的转移通常需经过血管，在血管壁细胞表面有一种所谓的接著分子（也叫载体），癌细胞只能首先被接著分子附着、结合，才能顺利进入血管。但是，壳寡糖对接著分子具有更强烈的附着作用，这时癌细胞就被封锁，无法和血管壁表面的接著分子结合，也就无法进入血管。而且，即使癌细胞侥幸侵入血管，但此时由于体内有大量壳寡糖，可以封锁癌细胞，癌细胞就不会再与身体其他部位的接著分子相结合，也就不会侵入那些细胞落根生长。那些活跃在体内的 NK 细胞就可将侥幸进入血管的癌细胞杀死，再由巨噬细胞吞噬分解，从而达到和 LAK 细胞共同抑制癌细胞转移的目的。

上述癌症转移机制，已由各国科学家经各种方法试验予以证实。另有日本学者统计，壳聚糖（壳寡糖）抑制癌细胞转移率为93％，国内学者王中和等用壳寡糖口服液对临床患者进行辅助治疗也收到较好的辅助疗效。

4. 壳寡糖在癌症放疗中的作用

（1）保驾护航作用：放疗中放射线对癌细胞和正常细胞都有损伤。直接损伤是射线击穿染色体的双链或单链结构。间接损伤是引起细胞组织内水的电离产生大量的自由基，这些自由基作用于细胞最敏感的生命物质脱氧核糖核酸（DNA），造成细胞活性降低，分子生物学称此为放射线的拖后作用。其结果是局部充血水肿，pH 显示酸性局部疼痛加重，骨髓干细胞数量减少。

虽然放疗方案设计力求癌肿靶区射线剂量高，照射区内正常组织吸收剂量尽量低，正常组织损伤也经常超出可接受的限度。利用壳寡糖在体内吸收后形成葡萄糖胺带正电荷的特点短时间即能与带负电荷的自由基结合，减少对体内大分子生命活性物质 DNA 的拖后作用，从而保证放疗按计划进行。

（2）改善照射区的组织状况：放疗初期局部组织充血水肿，炎性渗出增加，放疗结束后局部血管和淋巴管出现循环障碍，后期局部软组织纤维化是常见的放疗后遗症。常应用活血化瘀中草药有一定效果，若能在放疗前、中、后适时使用壳寡糖可收到满意效果，减轻充血水肿期的反应，改善放疗后的淋巴还流障碍，缓解软组织纤维化，有利于恢复生理功能。

5. 壳寡糖在癌症化疗中的作用

（1）有效的清除自由基：抗癌化疗药物通过激活细胞膜上的氧化还原酶系统，释放自由基影响细胞膜上的磷脂结构，对细胞内活性物质也有一定作用。壳寡糖在人体内能够有效的清除自由基而且并不降低抗癌药物杀灭抑制癌细胞的能力。

（2）保护肝肾保障排泄功能：抗癌药物能引起药物性肝炎，肝坏死呈急性肝损伤样改变。长期使用抗癌药物也可造成肝组织纤维化、肝脂肪性变、肝硬化和嗜酸粒细胞侵润等。壳寡糖具有良好的驱脂作用，能增加肝脏多种酶类的数量和强化肝功能作用，消除急性和慢性损伤，保证各种有毒物质的排泄。

抗癌药物的降解物沉积于肝脏和肾脏，严重影响肝肾细胞的分泌和排泄功能。壳寡糖与沉积的降解物迅速形成络合物和复合物从而提高排泄能力。

（3）增强粒细胞的数量：化疗引起骨髓抑制，突出的问题是白细胞总数减少。化疗同时应用壳寡糖，病人全身状态改善，食欲和体力正常，给造血系统供给充足的原料，由于调节能力强，骨髓抑制尽早解除，十分有利于全程化疗的有序进行。

（三）调节血脂

脂类是中性脂肪、脂肪（甘油和甘油三酯）和类脂质（胆固醇和胆固醇脂及磷脂等）的总称。

脂类难溶于水。血浆中的脂类与蛋白结合成乳粒（CM）和三种脂蛋白：高密度脂蛋白（HDL）、低密度脂蛋白（LDL）及极低密度脂蛋白（VLDL）。

乳糜微粒是一种来自食物的脂肪颗粒，主要含一些外源性的甘油三酯，它的代谢很快，正常人一般12h后能将它全部清除。而且它的颗粒很大，即使动脉内膜损伤，它也无法通过，因此与动脉粥样硬化关系不大。

高密度脂蛋白的颗粒最小，但密度最大，能自由进出动脉壁，不会沉积于动脉内膜。它经常不断的把堆积在动脉壁上的胆固醇运向肝脏去进行代谢，这样便减慢或防止动脉粥样硬化斑块的形成和发展。这种脂蛋白越多，人们就越不容易得冠心病，科学家们把它称之为"抗动脉粥样硬化的脂蛋白"，或"冠心病保护因子"。

低密度脂蛋白是肝脏合成的，不稳定，主要含有内源性的甘油三酯，大部分转化为低密度脂蛋白，它主要为胆固醇携带者，血液中胆固醇的浓度则反映低密度脂蛋白的数量和状态，其脂蛋白颗粒较小，易于进入损伤的动脉壁，常常把过多的胆固醇运载到动脉壁堆积起来，人们称之为致动脉粥样硬化脂蛋白。

人体的脂类含量既不可缺失，又不宜过多，它是构成脑、神经、性激素、细胞膜等的重要物质，胆固醇过低会增加癌症的发生，还会导致中风，大脑迟钝，加速衰老，不利于健康长寿，若胆固醇含量高于5.5mmol可诊断为高胆固醇血症，而甘油三酯含量高于1.76mmol者可诊断为高甘油三酯血症，现已知高脂血症是心脑血管硬化症及其血管意外的罪魁祸首。

壳寡糖的降血脂作用包括两个方面，一方面是可降低胆固醇，另一方面可降低中性脂肪（甘油三酯）。

1. 壳寡糖降低胆固醇的作用

其主要机制是：

（1）促进胆固醇转化：胆汁酸（盐）是肝脏内由胆固醇转化所生成的消化液的主要成分，在胆囊中有一定的储备。胆汁酸是一种表面活性剂，它可以将食物中的油脂变成很小的油滴，便于脂肪酶的分解。胆汁酸（盐）通常完成体内消化、吸收脂肪之后，95%的胆汁酸由小肠再吸收而回到胆囊之中。肝脏生成的胆汁酸（带负电荷）经胆道排入肠腔非常容易和壳寡糖（带正电荷）结合并由消化道排出体外（由粪便排出），使进入肝脏循环的胆汁酸（盐）大为减少，为保持胆囊中有一定量的胆汁酸（盐）储备，就必须使肝脏胆固醇转化为胆汁酸。因而血液中胆固醇含量必然会下降，血脂降低。

（2）抑制胆固醇吸收：食物中的游离胆固醇可自小肠黏膜上皮细胞吸收，胆固醇脂则需经过胰脂酶水解或游离的胆固醇才能吸收。由于壳寡糖可抑制胆固醇酯酶，这样就会阻碍食物中胆固醇脂在肠道内的吸收，血液中的胆固醇含量也就随之下降。壳寡糖能升高高密度脂蛋白，有利于降低胆固醇，加之壳寡糖为膳食纤维，能结合胆固醇，也能减少它的吸收。

（3）防止脂肪吸收：因为壳寡糖溶解后可形成带正电荷的阳离子集团，在体内能聚集在带负电荷的油滴周围，形成屏蔽而妨碍其吸收。血液中的脂肪并非单独存在，它并存于胆固醇或蛋白质的粒子中。所以血液中的脂肪一旦减少，胆固醇含量也随之减少。

2. 壳寡糖降低中性脂肪的作用

其主要机制是：

（1）抑制胰酯酶的脂肪分解作用：脂肪在体内的吸收部位主要在十二指肠下部和空肠上部，在此处遇上胰酯酶，在适宜条件下可水解成不同产物，然后被人体吸收。实验证明，壳寡糖在低浓度（10μg/ml）下可抑制胰脂肪酶分解脂肪的活性，这就表明壳寡糖可减少脂肪的吸收。

（2）阻碍脂肪吸收：由于脂肪不溶于水，因此许多脂肪分子集合在一起以油滴方式存在。另一方面，因为胰酯酶是水溶性的，所以胰酯酶对脂肪的作用是在油滴的界面进行，界面范围愈大的话，酯酶的作用愈顺利。实验证明，壳寡糖对具有卵磷脂的油滴有抑制作用，推测可能是其结构中的氨基（带正电荷部分）会对卵磷脂的磷部分的负电荷进行离子结合，从而阻碍了胰酯酶对油滴的反映。

（四）调节血压

血压是血管中血液对管壁的侧压，它是促进血液循环的重要因素。正常人的血压随性别和年龄而异。一般男性高于女性，老年高于幼年。其正常范围为 125/85mmHg，理想血压为 120/80mmHg。

高血压病是危害人体健康的一种常见病，以动脉血压增高为其主要临床表现。分原发性高血压和继发性高血压两种。前者占绝大多数，后者约占5%，系由某些特定的疾病所致，作为症状之一而出现的高血压。高血压病（原发性高血压）的发病机制虽然尚未完全阐明，但大都公认摄取食盐（氯化钠）过量有密切关系。高度紧张、精神刺激以及血脂升高与血压升高也有一定相关。

原以为氯离子和钠离子都能引起血压上升。90年代的实验研究：用氯化钙、氯化钾、氯化胆碱以及氯酸盐来代替食盐，结果发现血压有上升现象，显然该实验证实氯离子与血压上升有关。1992年日本广岛女子大学加藤秀夫利用会和钠离子结合的食物纤维——海藻酸钠做实验，证明钠离子与血压升降无关。

日本爱媛大学奥田拓道教授的研究小组认定，壳聚糖（壳寡糖）这种食物纤维的结构中含有带正电荷的阳离子（$-NH_3^+$），它可以和氯离子（Cl^-）结合，对容易罹患高血压的鼠，同时给予食盐和壳聚糖（壳寡糖），结果壳聚糖（壳寡糖）吸附体内的氯离子并使之排出体外，使血压下降至120mmHg（收缩压）。由此实验得知，在实验成分中，使血压上升的并不是钠，而是氯，此实验也显示，壳聚糖（壳寡糖）具有降血压的作用。

经过科学家长期努力，现已知道：氯离子能够使血管紧张素转移酶（ACE）活化，它一方面可以分解能降低血压的激肽，另一方面它可促使血管紧张素原在凝乳酶作用下变成血管紧张素 I，再由血管紧张素 I 变成血管紧张素 II。后者可促使血管收缩，也能促进副肾髓质分泌肾上腺素，而此物质也有收缩血管的作用，通过促进肾上腺素的合成（在肾皮质上进行），使血压上升，肾上腺素的功能是能够抑制氯离子由肾脏排泄。

壳聚糖（壳寡糖）可大量吸附体内的氯离子，并使之排出体外，体内缺少氯离子，血管紧张素转移酶无活性，血管紧张素 II 减少，血压降低。

日本奥田教授还进行了壳聚糖（壳寡糖）降低血压的人体试

验。表明只要在用餐后马上服用壳聚糖（壳寡糖）就没有过分限制食盐的必要。只要氯离子在血液中没有增加过多就不会有问题，奥田教授进一步实验得知：只要服用0.5g壳聚糖就能完全的控制血液中氯离子浓度的上升。

壳聚糖（壳寡糖）降血压的作用，主要是由于：

（1）壳聚糖（壳寡糖）控制血中氯离子、降低血管紧张素转移酶的活性：壳聚糖（壳寡糖）在体内溶解后形成带正电荷的离子基团与堆积在体内的过量的氯离子结合迅速由消化道排出，使体液中氯离子含量正常。

肾素将肝脏产生的血管紧张素原分解为血管紧张素Ⅰ和血管紧张素Ⅱ过程中，由于氯离子减少血管紧张素转移酶的活性，起不到激活剂的作用，交感神经的兴奋性得以控制，中小动脉平滑肌减弱收缩，血压调控适当不再升高。

（2）壳聚糖（壳寡糖）减缓外周血管的阻力：壳聚糖（壳寡糖）能兴奋副交感神经使小动脉扩张，血流速度加快，改善微循环，降低外周血管的压力，有一定的降压作用。

（3）壳聚糖（壳寡糖）降血糖降血脂后有助于降血压：壳聚糖（壳寡糖）提高胰岛素的数量和质量，降血脂使脂类减少在血管壁的沉着，都能减少外周血管的阻力，起降血压的作用。

临床医学证明，约60%原发性高血压加用壳聚糖（壳寡糖）做辅助治疗有效。若壳聚糖（壳寡糖）并用硝苯吡啶等降压药物疗效更加理想，有利于整体治疗又能减低降压药的毒性。

（五）调解血糖

糖尿病是一种常见的有遗传倾向的、以高血糖为主要特征的内分泌代谢疾病。临床上患者出现三多（多饮、多食、多尿）一少（体重减轻）现象。继而易发生水、电解质代谢紊乱和酮症酸中毒。另一并发症是动脉硬化症，易引起脑梗死、心肌梗死、视网膜病变以及肾功能不全等。

糖尿病病因，目前尚未完全研究清楚。常用降糖药物都有一定的毒副作用，长期服用可产生不良反应。

壳聚糖（壳寡糖）对糖尿病显示了良好的效果。日本东京农业大学的研究人员实验表明食用壳聚糖（壳寡糖）后血糖值大幅度降低，尿糖量也减少许多。正因为如此，壳聚糖（壳寡糖）已被广泛用于临床，并在日本被看做是治疗糖尿病的首选"药物"。

壳寡糖防治糖尿病的机制是：

（1）刺激迷走神经，促进胰岛素分泌：服用壳聚糖（壳寡糖）后，其分解产物会刺激肝脏的迷走神经，兴奋大脑皮层的饥饿中枢和血管运动中枢，通过一系列复杂反应，最终会引起全身副交感神经兴奋而使细小动脉扩张，毛细血管的血流量也随之增加。因循环学流量增加使肌肉细胞的氧气及营养供应量增加，脂肪无氧，氧化减少，蓄滞在体内的二氧化碳等酸性物质排出量增加。同时，使胰腺的血管扩张，增加循环血液循环量，胰岛素的分泌也增加。

（2）调节体液 pH，增强胰岛素活性：壳寡糖分子中有碱性基团（—NH_2），它在体内可使酸性体液恢复碱性，pH 提高 0.5 单位，可使胰岛素活性增强，分泌量和利用率增加，同时又利于维持体液酸碱平衡，从而缓解糖尿病症状。

（3）活化、修复细胞，提高胰岛 β 细胞的数量及功能：壳寡糖代谢分解产物可直接活化细胞，诱导细胞，修复水肿、变性、纤维化的受伤细胞，使胰岛组织得到修复，提高分泌胰岛的 β 细胞的数量及功能，这样有望可以从根本上治疗糖尿病。

（4）提高胰岛素受体的敏感性：文献表明肥胖人的胰岛素受体敏感性下降。壳寡糖降血脂后有良好的减肥作用，从而提高并改善胰岛素受体的状况。

（5）控制餐后高血糖：糖尿病人餐后血糖短时间即达高峰值，较难控制。餐后服用壳寡糖，在胃内壳寡糖吸附水分呈凝胶状与胃内容物混合，体积膨胀，延长胃排空时间，使小肠对糖的吸收变得缓和。餐后高血糖出现拖后，峰值下降，可减轻胰岛细胞负担。

（6）减缓糖尿病并发症：糖尿病中晚期常合并多种并发症，如高血压、高血脂、高黏血症、肾脏、心脏及神经系统也常受累，预后凶险。壳寡糖对这些退行性改变有延缓降低作用，可改善预防，不少人眼花，视力降低得到缓解，不少老年者性功能得到恢复和增强。

（六）强化肝脏功能

肝脏是人体的重要器官，具有多种多样的代谢功能，对糖、脂类、蛋白质、维生素、激素等的代谢，均有重要的作用。同时，肝脏还具有分泌、排泄、生物转化等功能。由 2500 亿个肝细胞组成的肝脏具有多方面的功能，大多是通过酶反应来完成的，所以肝脏也被称为"人体的化工厂"。

作为维持机体生命的重要器官，肝脏拥有比一般脏器功能更强的作用，偶尔运作过量也不至于超负荷。加之肝脏再生能力很强，所以肝脏的轻微损伤，不易出现症状。当一个人感觉到肝脏功能有问题时，通常肝脏已经严重受损伤。

肝病的最可怕之处在于染病之后并无特别有效的治疗方法。目前治疗病毒性肝炎并无特效药，大剂量干扰素治疗乙肝或丙肝的有效率最高达50%，而且副作用不小。

研究发现壳寡糖在强化肝脏功能上有如下作用：

（1）降低胆固醇和脂肪，预防脂肪肝和肝炎，保护肝细胞功能：日本鸟取大学平野茂增教授的实验证实，壳寡糖有抑制胆固醇和中性脂肪上升的作用。适量的壳寡糖从阻碍脂类吸收降低胆固醇含量开始，增强神经体液调节，保持肝细胞具有旺盛的分泌功能，强化代谢和排泄能力。

（2）促使产生肝炎病毒抗体：壳寡糖与干扰素并用，可促使肝炎病毒抗体产生，使乙肝病毒转为阴性，提高疗效。壳寡糖进入肝脏可与肝炎病毒等有害物质结合，形成抗原抗体复合物或螯合物，增强免疫调节作用，减缓对肝细胞的毒害和损伤程度，并活化肝细胞延缓肝细胞老化，恢复和保留其部分代谢、分泌及排泄功能，增强其代偿能力和自愈能力，对肝脏起到保护作用，有利于维持肝脏的整体功能。

（3）和啤酒酵母并用可修复肝细胞：病毒性肝炎、酒精性肝炎、药物（中毒）引起的肝障碍等，恶化之后最终都会转化为肝硬化。肝硬化的成因，大多来自病毒性肝炎。酒精性肝炎虽然也会转化成肝硬化，但在这之前还需经过一个阶段——脂肪肝。

被当作肝脏修复材料的啤酒酵母，若和强化免疫功能、攻击病原菌及发挥强大细胞激活作用的壳寡糖并用，可使肝脏的再生能力倍增。

（4）增强肝脏生物转化功能：饮酒的人，体内吸收大量的乙醇，乙醇在肝脏脱氢酶作用下变成乙醛，乙醛是一种毒性物质，会使人醉酒，引起头痛、恶心、肝损伤等。正常情况下乙醛在醛基氧化酶作用下氧化成乙酸，乙酸可进一步氧化成二氧化碳和水，从而消除毒性。

壳寡糖可活化肝脏功能，使肝脏分泌的醛基氧化酶数量激增，有了足够数量的醛基氧化酶，就可把有毒的乙醛全部或大部分氧化，防治对肝脏的损伤。壳寡糖在体内形成带正电荷的阳离子基团，良好的吸附性和螯合作用，使有害物质通过消化道和肾脏直接排泄，保证了肝脏的生物转化功能，起到了保护肝脏的作用。

由于壳寡糖能大大增强肝脏功能，对肝炎、脂肪肝、肝硬化腹水、肝癌都有较好的防治作用。使用壳寡糖能快速提高血浆胶性渗透压从而减少渗出。配合利尿剂药物增加尿量可消除腹水，降低腹水的生成速度。

（七）增强胃肠功能

壳寡糖是动物性膳食纤维，可增殖肠道内乳酸杆菌和双歧杆菌等有益菌群，同时抑制有害菌群的生长繁殖，清除大肠内的宿便和毒素，从而使胃肠功能得到有效的调节，还可以保护和修复胃黏膜，促进溃疡的愈合，辅助治疗胃病。

胃及十二指肠溃疡是世界流行的疾病，患病率约占10%，日本和中国学者应用壳寡糖防治慢性胃炎和胃及十二指肠溃疡均取得了较好的成绩。

（1）保护和修复胃肠黏膜：壳寡糖进入胃内吸收水分变成凝胶状，在胃肠壁上形成保护膜覆盖在创面上，防止胃酸对创伤面的刺激和腐蚀作用，免受再度损伤，促进修复愈合。

实验表明，壳寡糖的分子量与保护膜成胶性能相关。高分子量的壳寡糖成胶性能效果好，壳寡糖与人体组织有很好的亲和性，不产生排斥反应，粘附在受损伤黏膜表面，起屏蔽作用同时也能显示壳寡糖的生物活性。

（2）防止恶性溃疡癌变：国外报道都指出，壳寡糖的薄膜粘附在溃疡面上与人体的体液密切接触，保证局部酸碱度处于弱碱性，各种活性淋巴细胞（自然杀伤细胞、吞噬细胞、巨噬细胞和免疫淋巴细胞）活性增强，所产生的淋巴因子也能增强吞噬细胞的吞噬能力，控制或制止恶性溃疡癌变。

（3）抑制应急性溃疡：长期饮食强刺激性食物或服用某些药物，加之多量的胃酸的影响，胃及十二指肠可能产生应激性溃疡，服用壳寡糖后溃疡面积能迅速缩小，溃疡抑制率在80%以上。

（4）减少溃疡创面出血：壳寡糖具有血液凝集作用，刺激血小板在出血创面聚集起到止血作用。胃及十二指肠溃疡病人常因小量长期出血引起贫血，加服壳寡糖后数天潜血即可由阳性转为阴性。

国内报道，近千例应用壳寡糖和中药具有止痛、消肿、抑酸止血，抗溃疡健胃功能，对促进食欲，溃疡愈合有显著效果。壳寡糖保护胃黏膜效果优于甲氢咪胍。

（八）抗衰老和抗疲劳

人体衰老是一个复杂的变化过程，其原因有很多学说，诸如遗传程序说、自由基说、免疫功能下降说、内分泌功能减低说、体细胞突变说、有害物质蓄积说等等。尤其是老年脑病，如脑血管硬化、中风后遗症、霍奇金症、老年痴呆等老年疾病对老年人健康威胁很大。

国内试验结果表明，壳寡糖能够提高红细胞超氧化物歧化酶（SOD）的含量。

超氧化物歧化酶能保护核酸、脱氧核糖核酸、细胞膜、线粒体、溶酶体等免遭自由基的损害。壳寡糖则起化学反应，提高SOD的含量，消除自由基的负电荷，使其性质由活泼趋向稳定，损伤和破坏性也随之减弱或消除。

自由基引发的脂质过氧化反应能引起硫基（SH）及含硫基的酶和蛋白质变化，而壳寡糖可降低过氧化脂质（LPO），从而减少自由基损害。

1. 壳寡糖的抗衰老作用（延缓衰老）

（1）能刺激和强化人体淋巴细胞的转化功能，活化组织细胞、延长细胞的分裂周期，延缓退化的速度。

（2）对抗或清除体内自由基对细胞的恶性攻击，强化机体的应激能力。

（3）对体内呈负电的各类有毒物质有吸附和解毒作用，解毒愈强，寿命愈长。

人体经过脑力或体力劳动后常感到倦怠、体力不支、嗜睡、有休息的欲望，称之为疲劳。紧张且长时间脑力劳动多造成中枢性疲劳，而重度的体力劳动和运动主要是运动性疲劳，两种疲劳有内在联系，协同存在。过度疲劳对人体是一种损害。

美国学者研究，人的衰老与过度疲劳相关。中国北京地区曾调查提示，中年高级知识分子平均寿命为53.8岁，与他们工作和家庭负担过重长期超负荷运转密切相关。

壳寡糖对有害刺激、高温、寒冷、缺氧有较强的耐受力。动物实验表现为延长动物存活时间，提高抗高温能力，抗寒冷能力，延长耐受缺氧时间，通过多项非特异性抗力的增强，实现消除疲劳，保持处于生理最佳状态。

2. 壳寡糖抗疲劳作用

（1）壳寡糖进入体内，吸收后能改善人体重要器官组织的微循环。

（2）壳寡糖可调整各组织器官更加协调，提高其适应能力。

（3）提高体液的 pH，增加碱储备，有利于清除运动后产生的乳酸等物质。

（4）调节免疫，增强抗病能力，随时清除进入体内细菌和病毒。

（5）降低胆固醇，清除有毒有害物质，改善细胞通透性，迅速恢复活力。

服用保健量壳寡糖，一个月左右多数人感到精力旺盛、体力增强、视物清楚、反应敏锐，归结于壳寡糖迅速消除疲劳的功效。

（九）清除自由基

自由基又称活性氧，烈性氧（包括 O_2^-、OH^-、H_2O_2、$^1O_2$ 等氧自由基，羟自由基），是极小的微粒，具有高度化学反应活性的一组基团，可称百病元凶，万恶之源。其来源有二：一是人体新陈代谢自身产生的，平时吸入大部分氧分子为身体利用后安全排出体外，但有一小部分氧分子在氧化代谢过程中转换成了自由基；二是由于环境污染、电离辐射、光化学污染等外界因素影响，加上嗜烟酗酒、吃烧烤油炸等垃圾食品，也会不断产生自由基。它可损伤细胞膜、溶酶体膜、线粒体、DNA，使基因突发、多糖和透明质酸解聚、生物酶和蛋白质活性受抑、RNA 被破坏。它与不饱和脂肪酸生成过氧化质（LPO），与蛋白质交联聚合形成脂褐素（LF）。自由基可加速衰老，降低人体免疫力，引起诸如癌症、白血病、高血压、心肌梗死、糖尿病、肝炎、痛风、肾炎、白内障等多种疾病。

壳寡糖因其分子量小，溶解性好，具有很强的渗透力和亲和力，非常容易透过人体细胞膜，改善微循环，发挥其防病和辅助治疗的保健功效，可以说壳寡糖是机体免受自由基伤害的守护者。国内何庆德、徐桂云、吴宏军等研究均证明壳寡糖可清除自由基，提高抗氧化酶类（超氧化物歧化酶 SOD）活性，遏制自由基损伤以及抗疲劳的效果。

（十）排除重金属离子

壳寡糖具有很强的吸附、凝聚能力，主要是由于：

（1）壳寡糖属高分子物质，其溶液在一定浓度时具有黏性的特性。

（2）壳寡糖是由 2～20 个以上分子组成的直链状化合物，其结构内部有很多空隙，表面积大，由分子间的引力而表现出来的表面吸附能力也较强。

（3）壳寡糖更重要的是其分子结构中存在大量的极化基团——羟基（—OH）和氨基（—NH_2），可以形成类似网状结构的笼形分子，非常容易和金属离子发生配位作用。这些基团可以和金属离子结合成螯合物，螯合物性质很稳定，易于排出体外，从而减弱人体的危害。

金属离子如汞、铅、砷、镉等可通过水、食物、空气甚至皮肤接触进入人体，易于蓄积且难以排除，导致中毒疾病。在目前医学尚无根本治疗方法的情况下，凭借壳寡糖螯合重金属具有吸附、解毒重金属的功效。此外，还可用于吸附内毒素、农药、化学色素作用并排除体外。

尤其令人瞩目的是：壳聚糖、壳寡糖不仅可牢固地吸附放射性物质，而且防止内辐射并排出体外。有 2 例为证：

其一：日本《朝日新闻》1993 年 6 月 21 日报道：1989 年 4 月 7 日，前苏联"麦克"级核战略攻击潜艇"共青团"号在挪威北部海域沉没，42 名官兵遇难。这艘核潜艇上装备有两枚核攻击鱼雷。核潜艇中的铀、钚等放射性物质一旦泄露，挪威海域将 600 年不能捕鱼。这一事件引起了挪威政府强烈抗议。1993年，俄罗斯政府将四年前因火灾而沉没"共青团"号核潜艇从挪威海中捞起，俄罗斯科学家们用从日本购买的大量甲壳质物质粉做成放射吸附剂，并用冻状的壳聚糖填于船舱，进行防止辐射外泄的处理，牢固地吸附了放射性物质，有效解决了问题，轰动世界。

其二：1986年前苏联乌克兰地区切尔诺贝利核电站发生重大核事故，泄出放射性物质估计为美国1945年在日本广岛和长崎投掷原子弹造成的辐射量综合的200倍。受到辐射污染的乡镇有4514处，居民愈600多万。另外两条河川流域的居民亦在百万人，庞大的污染区涵盖了黑海和地中海。

1992年切尔诺贝利医疗救援中心率领乌克兰3名青年医师到日本研修核灾害救援医疗经验，在日本Chitoson（壳聚糖）室研习，并带回产品使用。首先用于4名儿童白血病患者，2名儿童癌症患者，2名乳癌患者，结果均取得良好的疗效。隔年另一组医师赴日后取回壳聚糖，在国立基辅癌症治疗中心，由索姆斯科夫博士主持临床治疗试验，根据污染地区程度不同各选10名患者，连续两周服用壳聚糖后证实体内放射性物质明显减少。

到了1995年，再选37名各种患者（平均54岁）分成了3组治疗。结果服用壳聚糖组：①肝功能活化，解毒作用高；②免疫功能激活；③单纯使用壳聚糖或与其他医药品并用，均无副作用出现。因此，索姆斯科夫再将污染区的387名核辐射损伤患者（含270名癌症患者）分成3组试验并服用壳聚糖。当每日服用250~500mg14日以后，体内放射性物质减少。某次体内放射性元素 ^{137}铯、^{70}钾、^{106}铷分析结果，在体内竟分别比原先减少1/3、1/1.5、1/2.2。全部患者的疲劳感减轻，食欲增加，生活品质上升。对于来自污染区的70名患者，每日服用量为500mg，结果显示其体内的放射性物质明显减少。

最后，特别要强调指出的是，甲壳素衍生物壳寡糖是壳聚糖的降解产物，分子量小，溶于水，可被人体直接吸收利用。大量的研究发现，壳寡糖不仅具有壳聚糖相似的生物活性和保健功能，而且效果更加显著。除上述保健功能外，还有调节神经系统、调节内分泌系统的作用，对改善睡眠、促进伤口愈合、抗菌消炎止痛、护肝醒酒、减肥、美容、抗辐射及骨关节病等也有显著功效。

（十一）壳寡糖与氨基葡萄糖在体内的代谢

1. 壳寡糖的生物链

有的专家认为人和高等动物体能自身合成壳寡糖，有的专家认为不能自身合成，这两种说法并不矛盾。关键是对壳寡糖合成的起始原料认识不同。有的专家认为，人和高等动物可以直接利用氨基葡萄糖合成壳寡糖衍生物及壳聚糖衍生物，体内可从葡萄糖利用转氨基反应转化成氨基葡萄糖及乙酰氨基葡萄糖。但另有专家认为，不能利用葡萄糖和无机氮或无机铵盐合成氨基葡萄糖，故认为人和高等动物自身不能合成壳寡糖衍生物及壳聚糖衍生物，只有低等动植物及微生物才能利用无机氮和铵盐与其他有机物或糖类合成氨基葡萄糖，然后再合成壳寡糖、壳聚糖及甲壳素等多糖类物质。

2. 氨基葡萄糖在体内的转化过程

自身合成壳寡糖如 2 - 1 图所示，葡萄糖在细胞内通过活化作用生成高能化合物磷酸葡萄糖，再转化为磷酸果糖，在酶的作用下将磷酸转移到氨基葡萄糖上供氨基葡萄糖活化为高能的磷酸氨基葡萄糖并乙酰化为磷酸乙酰氨基葡萄糖，再转化为二磷酸尿甘 - N - 乙酰氨基葡萄糖，后者再经多种反应步骤合成硫酸软骨素上的多糖形成蛋白聚糖及抗体等糖蛋白或神经苷脂等有生物活性的化合物。

（十二）服用壳寡糖及壳聚糖后的调整反应

中老年朋友机体状况各不相同，在病变过程中，正常的生理功能失去平衡，会形成新的病理状况下或亚健康状况的平衡，在服用中药或保健食品后产生"瞑眩"反应，亦称为好转反应、调整反应或服用反应。壳寡糖、壳聚糖及甲壳素等均属于保健品，对亚健

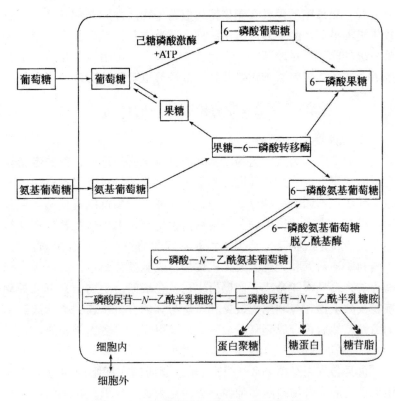

图 2-1　氨基葡萄糖在细胞内的转变过程

康病理状况下的中老年朋友，较长时间服用后，由于产品对机体的功能调节作用，会出现各种各样调整反应。根据日本学者统计，服用甲壳素和壳聚糖的中老年人，好转反应发生率在 70% 以上。而壳寡糖是水溶性小分子物质，可以吸收，其对机体调整作用是壳聚糖的 14 倍，其调整反应较少，据目前统计，调整反应发生率在 3% ~ 4%，也表明壳寡糖作用机制不同于壳聚糖与甲壳素。

日本学者认为好转反应是机体从病理状态向正常生理状态转变过程中出现的暂时性反应，是症状改善的证据，是一种值得高兴的可喜现象，故好转反应出现的越早越好。同时通过观察调整反应出现的器官、系统、部位及方式，还可诊断出患者机体潜在的疾病类型。

中老年人机体各部位功能的反应较迟钝，有的病程又较长，因此调整反应类型也较多。有些反应是机体保护性反应，也可能是一种病变反应掩盖另一种病变反应，如神经痛有可能掩盖关节病症状。当机体虚弱时，保护性反应症状也会减弱。因此，某些老年性疾病未痊愈或未好转时，症状会出现越来越不明显的现象。当机体反应性增强时，相关症状会再次出现或加重的现象。

目前所发现的调整反应主要是消化系统、血液循环系统、神经系统及代谢作用。

1. 消化道反应

服用甲壳素类产品引起的消化道反应应该从两个方面加以考虑，一个是服用者消化道是否有功能紊乱，如存在功能紊乱，程度如何？其次是甲壳素类产品的作用功能。

饱胀感：某些中老年朋友消化功能减退，服用壳寡糖及壳聚糖后，吸收水分膨胀，壳聚糖又能吸收少量胃酶，食物在胃中未能充分消化，进入肠道后消化速度减慢，出现饱胀感，这对控制饮食的糖尿病患者和肥胖者十分有利，且无需特殊医疗处理即可自愈。

一过性便秘：有些中老年人消化道功能紊乱，甚至有肠无力，服用甲壳素类产品后，促进血液循环加强，肠道吸收水分也较多，此时肠道推进度尚未得到较大改善，出现"一过性便秘"现象，但无需医疗处理即可自动恢复正常。此类中老年朋友可多食水果、蔬菜及纤维素食物亦可自然恢复正常。

胀泻现象：有些中老年人消化道功能紊乱，但服用甲壳素类产品后，肠道菌群得到调整，肠道推进度增大，产生无痛性大便不成形的"宿便排泄"现象，也有人称为胀泻现象。过一两天后即自动恢复正常。

2. 血液循环及神经系统的调整反应

50 岁以上的中老年朋友通常血液循环不太好，有可能引起神经系统功能紊乱，造成全身性组织缺氧，引起头昏、头晕及全身各组织无力现象，久而久之形成耐受性慢性症状，内脏器官也同样受到影响，服用甲壳素类产品后，对机体各器官功能产生调整作用，机体由病理或亚健康状态向正常状态转变，有可能产生疲倦、嗜睡、倦怠感、疼痛、局部发热、恶心及麻木等不同症状，几天后即自动消失，无需医疗处理。且反应往往出现在病变最严重部位。

3. 代谢与排泄反应

中老年朋友一般代谢功能低下，处于亚健康状态，或者存在某些潜在病理变化，机体产生过量疲劳素，代谢性废物或某些毒素等。服用甲壳素类产品后，机体各部位细胞被活化，调整了全身机能，体内废物、疲劳素及毒素等除了从大小便渠道排出外，也会从汗腺、皮肤及五官组织排泄，有可能出现皮疹、肿疮、眼屎、尿色变化、皮肤瘙痒及局部过热、麻木等现象，无需特殊医疗处理，几天内即可自愈。患风湿病、神经痛及痛风等的中老年朋友需有耐心坚持服用壳寡糖等甲壳素类及其衍生物等保健产品，以期取得预期效果。

第二章

甲壳素类物质的化学
特性和生物活性及应用

一

甲壳素类物质的概念和来源及生物功能

（一）甲壳素类物质的概念

甲壳素（chitin chitosan）的前身——甲壳，是螃蟹、虾等甲壳类，金龟子、蝉、蝗虫、蟑螂等昆虫类外部骨骼；乌贼、贝类等软体动物的骨骼及壳；蘑菇等蕈丝类及真菌类细胞壁，与这些生物的骨骼形成有关的物质。一般它与蛋白质或碳酸钙或两者同时紧密结合在一起成为一种络合体。它是一种动物纤维素，天然有机高分子多糖。

广义地说，工业生产甲壳质是甲壳素、壳聚糖的通称，是20%以下的甲壳素和80%以上的壳聚糖的混合物。

甲壳素是一种含氨基多糖的天然高分子物质，类似于植物纤维素的六碳糖聚合体，既能生物合成，又可生物分解。壳聚糖是甲壳素脱乙酰化的衍生物，是一种含大量阳离子的葡萄糖胺多聚体，具有极强的生物活性和特殊的生理功能。甲壳素是一种生物聚合物，壳聚糖是它的 N - 脱乙酰化的衍生物。这些多糖类是地球上仅次于纤维素的第二大生物聚合物。

一般把脱乙酰基纯度在70%以上的称为甲壳质，70%以下的称为甲壳素。按国际惯例，纯度85%以上的甲壳质、壳聚糖产品（即含壳聚糖在85%以上）可用作健康食品或机能食品。其生理效应主要依靠壳聚糖来实现。因生产分离甲壳素和壳聚糖很困难，为明确起见，常把其混合物直接以甲壳素、壳聚糖来称呼。但狭义地说，甲壳质即甲壳素。

甲壳素又称几丁质、壳蛋白、壳多糖、蟹壳素、虫膜质、明角

质、明角壳蛋白、不溶性甲壳质、聚乙酰葡萄糖、聚 N – 乙酰葡萄糖胺等。外文名为 chitin。日文为 キチン。美国化学文摘登录号为 [1393 – 61 – 4]。

壳聚糖（几丁聚糖）又称甲壳胺、壳糖胺、脱乙酰甲壳素、脱乙酰壳多糖、脱乙酰几丁质、可溶性甲壳质、粘性甲壳素、聚氨基葡萄糖、聚葡萄糖胺、基多酸等。外文名为 chitosan 或 deacetylated chitin。国外商品名为 Flonac N. 日文为 キトサソ（救多善）。美国化学文摘登录号为 [9012 – 76 – 4]。

甲壳素类物质：系指甲壳素及其衍生物。甲壳素是乙酰氨基葡萄糖组成的聚糖。

壳聚糖：是甲壳素通过强碱水解或酶解后脱去部分乙酰基的衍生物，是氨基葡萄糖的聚糖。

壳寡糖：是壳聚糖降解后的衍生物，现在把由 20 个以下氨基葡萄糖组成的低聚壳聚糖称为壳寡糖。也就是甲壳素经脱乙酰基得到壳聚糖，再经过进一步降解，就成为壳寡糖。

低聚糖：也叫寡糖。过去把 2 糖至 10 糖称之为寡糖，现在一般把这个范围扩大至 20 糖，称作低聚。低聚甲壳素可叫甲壳寡糖，低聚壳聚糖可叫壳寡糖，它是指 2 ~ 10 个氨基葡萄糖以 β – 1,4 – 糖苷键连接而成的低聚糖。

表 2 – 1　甲壳素、壳聚糖、壳寡糖的区别

甲壳素	壳聚糖	壳寡糖
带乙酰基	脱乙酰基	以壳聚糖为原料
不溶于水	可溶于水	完全溶于水
分子量 100 万以上	分子量 10 万 ~ 100 万	分子量 ≦5000
难以吸收利用	在胃酸和酶的作用下可少量吸收	可被人体细胞完全吸收

（二）甲壳素的来源

甲壳素来源于自然界节肢动物门甲壳纲动物虾、蟹的甲壳

（约含15%～20%，有的可达20%～30%），昆虫纲（如鞘翅目、双翅目翅膀）的甲壳，软体动物（贝类）乌贼骨架，真菌类低等植物如酵母、霉菌菌丝细胞和藻类细胞及高等植物（如蘑菇）的细胞壁中。蕴藏量在地球上的天然有机高分子物质中占第二位，仅次于纤维素，估计年生物合成可达数百亿至数千亿吨。参见表2-2。

表2-2　甲壳类、昆虫类动物甲壳、软体动物器官及菌类细胞壁的甲壳素含量

	甲壳质含量(%)		甲壳质含量(%)
甲壳类		苍蝇	55[c]
黄道蟹	72[c]	蝗虫	2～4[a],20[c]
梭子蟹	14[a]	金龟子	2[c]
雪蟹	26[d]	粉蝶	64[c]
马尾蟹	18[d]	蜘蛛	38[d]
近方蟹	11[d]	拟步行虫	2[a],5[b],31[c],24[c]
拟石蟹	10[a],35[b]	软体动物器官	
阿拉斯加虾	28[d]	文蛤贝壳	6
虾菇	5～8[b],12[d],69[c]	磷虾皮	40,42[d]
新对虾	32[d]	牡蛎壳	4
鳌龙虾	70[c]	乌贼鱼骨	41
膝壶	58[c]	菌类	
对虾	25[d]	Aspcrigillus niger(蘑菇)	42[c]
昆虫类		Mucor vouxii(鲁氏毛霉)	45
蚕	44[c]	Penicillium chryao-genium	20[c]
小蟑螂	10[b],18[c],35[c]	Penicillium nocatum	19[c]
甲虫	5～15[b]	Socchacomyces cerevisiae	3[c]
		（面包酵母）	

a）含水重量　b）干燥重量　c）表皮重量　d）全干表皮重量　e）干燥细胞壁重量

　　甲壳纲，全世界发现有3万～4万种，体表均被有甲壳外骨骼。中国近海约有3000种。虾蟹为其代表。中国海已记录的虾类约800余种，蟹类有916种。一般蟹壳中甲壳质含量约为17.1%～18.2%，有些种类可达20%～30%。中国沿海所分布的虾蟹类甲壳动物主要是暖水动物区系成分，缺少北太平洋大量分布的那些冷水性大型经济种，如勘察加拟石蟹和雪蟹等。雪蟹是北太平洋海域重要大型经济种，女王雪蟹（Chionoccetes opilio）主要产于加拿大，多年产量达2万~4万吨，1994年后超过6万吨。这类雪蟹触体大、肉肥、味美。

（三）甲壳素的生物功能

甲壳和昆虫类动物将甲壳质与蛋白质、无机盐（如碳酸钙）有机组合构筑肢体的一部分。昆虫跟绿色植物茎叶接触，昆虫体表的甲壳质与植物分泌特殊的活性酶发生化学反应，使甲壳素脱掉乙酰基成为壳聚糖被植物吸收后促进植物生长和繁殖。植物的根、茎、叶、果实种子充当人类的食物进入人体，人类就获得了甲壳素。动植物死亡后回归土壤和地面水源，甲壳素就在自然界形成了广泛的自然循环和食物链。甲壳素在人体内被吸收，进一步分解为具有生理活性的寡聚葡萄糖和葡萄糖胺，产生多方位的调节功能。

甲壳素的主要生物功能如下：

（1）生成动物的骨骼。

（2）抵御外敌。

（3）甲壳类、昆虫类动物通过脱换外壳甲壳质增长。

（4）蛉虫、蟋蟀等昆虫通过磨擦甲壳素翅膀产生声音，蝉则利用其甲壳素的壳扩声。

（5）通过昆虫、细菌和植物的接触活化植物细胞。

植物病原菌或昆虫与宿主细胞接触时，甲壳酶和 β - 溶菌酶起作用由病原菌细胞壁或昆虫表皮生成壳聚糖的低聚物。这种壳聚糖低聚物使宿主植物细胞中的细胞（DNA）致活，促进苯丙氨酸酶生成，这种酶又与植物抗毒素等抗菌物质及木质素的形成有关。另一方面壳聚糖低聚物阻碍病原菌细胞中从 DNA 到 RNA 的转移，从而阻止病原菌生育，应用这种天然机制人为地用甲壳素使植物细胞活性化从而有可能提高生物产量。

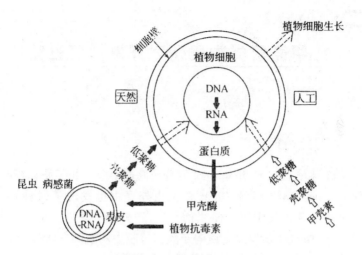

图 2-1　病原细胞和宿主植物细胞间的壳聚糖作用机制

（6）赋予动物体内免疫力。

（7）降低血液中的胆固醇和中性脂肪。

（8）抗菌、抗霉、抗病毒。

（9）通过水圈、土壤圈、大气圈的甲壳素循环来保护环境。

此外，甲壳素还具有：① 在动植物组织中被酶消化，具有生物适应性；② 动物吃了能消化，且无毒等特性。

二

甲壳素类物质研究开发的历史简况

（一）国外简况

1811 年法国人 H. Braconnot 发现了蘑菇中含有几丁质，当时称之为 fangine。1823 年 A. Odier 在昆虫外壳中也发现了这种物质，用希腊语命名为几丁质，即"信封"、"外衣"之意，沿用至今。1859 年 D. Rouget 发现几丁质溶于酸，可脱去乙酰基。1894 年由德国人 Hoppe – Seiyler 将脱掉乙酰基的几丁质正式命名为几丁聚糖。100 多年后，世界各国认识到煤炭石油资源日益枯竭的危机，而甲壳素是 20 世纪唯一大量存在而未加以利用的天然资源。

20 世纪 60～70 年代发达国家研究开发利用甲壳素骤然兴起。美国从 1970 年开始专门研究甲壳素的提取和应用。资源贫乏的日本 1971 年开始利用蟹壳进行壳聚糖工业化生产。1977 年第一届几丁质、几丁聚糖国际会议在美国休斯顿举行。1981 年日本几丁质、几丁聚糖研究会成立。1982 年第二届几丁质、几丁聚糖国际会议在日本札幌举行。日本政府制定 10 年规划动用 13 所大学耗资 60 亿日元开展甲壳素制造和对人体保健的多项研究，还有 22 家企业从事商品化生产或应用开发，年产量 700 多吨。松永亮博士首先应用于临床，病例多达 12000 例以上。1991 年欧美日等国际学术界把几丁聚糖（壳聚糖）确定为第六生命要素。1992 年欧洲几丁质研究会成立，并每年召开一次学术研讨会。1996 年日本生产出高纯度达 93.66% 的几丁聚糖。低分子量 7000～8000 的含量 99.8% 的针剂——癌转移抑制剂申报药品级，成为保健食品跃升为药品的先例。日本产品"救多善"由香港经销并在中国大陆销售，1995

年美国食品、药品管理局（FDA）及欧共体（EC）批准本品生产。美国"美迪克生命要素"等产品也通过港澳在中国营销。波兰、印度等国也分别用虾蟹壳生产少量的甲壳素，1997年第七届甲壳素、壳聚糖国际会议在法国里昂举行。

1997年进口甲壳素保健品由卫生部批准正式引入中国。近20几年国际上研究成果累累。从最初生产壳聚糖作为一般的污水处理剂转变到高附加值的新材料、新产品，并在医学、医药、生物工程、食品、农业等领域广泛应用。目前获得专利产品达上百种，诸如：手术缝合线、人造肾膜、避孕润滑剂、抗凝血药剂、食品防腐保鲜剂、植物生长调节剂、固定化载体、亲和吸附剂载体、离子交换剂、染料固定剂、照相底片、防火衣、液晶等。

（二）国内简况

中国于20世纪50～60年代开始研究、制备和应用，并小规模生产甲壳素。1954年，《化学世界》发表第一篇研究报告。包光迪著《甲壳质的利用》是这一时期代表作，但主要用于印染和纺织。曾有医学专家将实验室自制的甲壳素用于治疗白血病初见成效。70～80年代甲壳素的研究开发有了新发展，一些高校、科研院所专项立题研究，也相应建立一批生产厂。1983年《化学世界》发表谢雅明文章，1984年《化学通报》发表严俊文章、蒋挺大论文等。80年代产品多用于化工、造纸、饲料、食品、卷烟、化妆、污水处理等方面，每年总产量约200～300t，多为工业级产品，但大部分作为原料出口美国、日本（据80年代初统计，日本月产56t，美国月产23t）。进入90年代，甲壳素、壳聚糖的广泛用途和在医疗保健方面的奇特作用，引起了生物医学界和企业界的高度重视，成为中国甲壳素、壳聚糖研究开发的全盛时期。1995年下半年，日本"救多善"等产品进入中国，已被部分医务界等部门认识和接受。1996年10月在大连召开中国第一届甲壳质化学学术研讨会，12月在北京举办首届甲壳质国际学术研讨会。1997年11月在青岛召开中国甲壳资源研究开发应用学术研讨会。1996年甲壳素、壳聚糖的有关课题被列入国家科委"九五"攻关计划。至1997年中国甲壳质生产量超过2500t，已有多种品牌的甲壳素问世，高纯度流水线上马。中国成了甲壳素、壳聚糖的生产大国和出口大国，世界上有一大半产自中国。但也存在着不少问题，主要是：研究重复，开发分散，产品档次低，产业化水平不高。

可喜的是，2000年中国科学院大连化学物理研究所天然产物与糖工程（1805）课题组首次报道"酶法降解壳聚糖与膜分离相耦合"技术制备壳寡糖。2005年国家"九五"、"十五"科技攻关新成果金多莱壳寡糖复合胶囊*研制成功，2006年3月通过国家食品药品监督管理局严格审核，12月被国务院老干部活动中心甄选为"中央国家机关特供产品"。2007年8月18日，中科院大化所格莱克壳寡糖研究中心成立大会和揭牌仪式在大连举行。2008年1月23日，中华预防医学会、中国未来研究会、中国生物工程学会糖生物工程专业委员会，中科院大化所格莱克壳寡糖研究中心、《保健时报》社联合主办的"中国卫生健康万里行——壳寡糖与人类未来健康工程启动仪式暨新闻发布会"在北京人民大会堂举行。

有趣的是，目前发达国家和国内一些厂家开发的壳聚糖、壳寡糖有相当数量的原料来自螃蟹。而中国传统医学很早以前就将螃蟹（包括蟹壳、蟹脚）视为中药，认为其具有活血通脉、平肝潜阳、清热散风之功能。《神农本草经》、《本草经集注》、《本草纲目》、《千金要方·食治》、《食疗本草》、《本草崇原》等古籍以及现代的《中药大辞典》等对蟹、蟹爪、蟹壳均有记载。如《食疗本草》就有螃蟹"主散清热，治胃气，理筋脉，消食"的记述；《本草崇原》也记载说蟹壳"攻毒、散风、消积、行瘀"；《本草纲目》则记述：蟹壳具有破瘀、消积的功能，用于治疗瘀血、积滞、肋痛、腹痛、乳痛、冻疮等。

中国现存最早的药物学专著《神农本草经》中就有了蟹类的药用记载。南北朝时另一部重要的中药学专著《本草经集注》记载了用蟹爪治病的内容。唐代医药学家孙思邈在其《千金要方·食治》较早将蟹壳用于临床。可见，最早将蟹用于临床者属中药学。

　　注：金多莱壳寡糖复合胶囊是由壳寡糖、壳聚糖、人参提取物及牛磺酸四种生物化学成分按科学配方组成的保健食品，这些成分都是人体或动植物体的生理活性成分或结构成分。实验证明，这些成分有调节生命体免疫和缓解人体疲劳的作用。

甲壳素及其衍生物的制备

（一）甲壳素和壳聚糖的制备

甲壳素可以用动物甲壳或真菌类细胞壁来制备。目前工业生产原料主要用蟹、虾的甲壳。蟹虾的外壳由甲壳素、蛋白质、碳酸钙和微量的称为蟹红素（虾青素）的色素构成。因此制备甲壳素实际是使钙盐、蛋白质和甲壳素分离。

从昆虫和真菌中也可提取甲壳素。

大多数种类的昆虫中也含有甲壳素，其外角质层含量较低，内角质层含量很高，某些昆虫含量高达 60%（平均含量在 33% 左右）。某些真菌中含有大量甲壳素，因其甲壳素是细胞壁的组成部分。在 Chytridiaceal，Blastodaiadac 和 Ascomytes 以及所有的酵母菌丝状霉菌中都含有甲壳素，含量不同，有的高达 19%，从菌类提取的甲壳素具有某些特殊用途。从酿造工业的副产品中提取甲壳素也是一条很有发展潜力的途径，提取方法，工艺大致与蟹壳生产工艺流程类似。从生产成本考虑，则常用蟹壳和虾壳。

以蟹壳为例。大体上，蟹壳中含有 40% 蛋白质，30% 钙和 30% 几丁质。蟹壳粉碎，洗净，于室温在 5%～6% 稀盐酸中搅拌浸渍 24h，使所含碳酸钙转化为氯化钙溶液除去。脱钙的甲壳水洗后在 3%～10% 稀碱中煮沸 4～6h，除去蛋白质得粗制甲壳素。粗品在 0.5% 高锰酸钾中搅拌浸渍约 1h，水洗后在 1% 的草酸中，于 60～70℃搅拌 30～40min，水洗，干燥即得白色精品（甲壳素，收率一般为 15%～20%）。上述制得的甲壳素投入 40%～50% 氢氧化钠中（80～120℃，处理 4～6h），得白色沉淀即为脱乙酰甲壳素

——壳聚糖。现在市场上有粉末、片状、颗粒状等甲壳素和壳聚糖出售。

总之，制备甲壳素的主要操作是脱钙和脱蛋白，再脱乙酰基，则得壳聚糖，简称"三脱"。

1. 基本工艺流程

甲壳素，壳聚糖生产工艺流程基本如下：

蟹壳 → 粉碎清洁 → 净壳 → (5%~6%HCl(脱钙) 浸渍24h) → 水洗至中性 → (3%~10%NaOH(脱蛋白) 4~6h煮(消化)) → 水洗至中性 → 粗制甲壳素

→ KMnO₄(脱色) → NaHSO₃漂白 → 水洗干燥 → 精制甲壳素（几丁质）→ (40%~50%NaOH(脱乙酰基) 80~120℃4~6h煮沸) → 水洗干燥

→ 白色结晶粉末 脱乙酰甲壳素（壳聚糖）

关于甲壳素的制备，屈步华等曾有较大改进，并申请了中国专利。高纯度粒度甲壳素、壳聚糖的制备，国外也有专利发表。

2. 生产工艺条件的影响

甲壳素是高分子聚合物，在酸碱处理过程中会发生降解，产品的质量因生产工艺条件的不同有很大差异。

在用稀盐酸脱钙过程中，甲壳质主链会发生不同程度的水解，降解，因此盐酸的浓度，处理的温度和时间与产品质量密切相关。一般用3%~10% HCl在保温或加热下处理30min至2~3天。酸浓度越高，处理温度越高，时间延长则产品分子量越低。因此要获得高分子量产品，则盐酸浓度最好≤3%，温度保持在25℃左右，并严格控制酸浸时间。

消化、脱蛋白质的过程，一般用3%~10% NaOH，在75~100℃下进行30min至6h。

甲壳素脱色工序也会使主链降解，降低聚合度，该工序有时可省略。实际上在用浓碱脱乙酰制备壳聚糖过程中，色素也会脱去，因此，用来制备壳聚糖的甲壳素，脱色工序一般省去。

浓碱脱乙酰反应，通常在100~180℃，40%~60% NaOH溶液中非均相进行。实践证明，当 NaOH 浓度低于 30% 时，无论温度多高，反应时间多长，脱乙酰度只能达到 50%。当 NaOH 浓度约40% 时，脱乙酰反映速度随温度升高而加快。脱乙酰的同时，主链会发生水解、降解的副反应。因此碱的浓度、反应温度、时间还需严格控制，并以黏度和脱乙酰度为主要性能指标。有文献介绍，采用正交实验法得到的最优方案为：时间 130min，温度 130℃，碱液浓度 55%。一般壳聚糖产品的含氮量在 7% 左右，脱乙酰度在70% ~ 90%。脱乙酰度在 70% 以上的产品，工业上即为合格品。欲获高黏度产品，常可采用低温脱乙酰的方法，把甲壳素粉碎至1mm 以下，并在反应时通氮气。

上述脱乙酰反应是在非均相下进行的，所得的壳聚糖只能溶于酸，不能溶于水。若要获得水溶性壳聚糖，则反应要在均相条件下进行，使分子中不再有未脱乙酰的大分子片段存在。例如，甲壳素溶于浓碱性水溶液，在均相体系中脱乙酰，则脱乙酰度达 40% ~60% 的壳聚糖即为水溶性的。

（二）碱性甲壳素的制备

制备甲壳素药膜或纤维时，需要使用甲壳素完全溶解在溶剂中。碱性甲壳素的水溶液可以进行流延成形加工。其制法是：

甲壳素粉分散于水和表面活性剂中，搅拌呈粥状，放置过夜，过滤除水，然后加入 0℃ 的 40% NaOH 中，浸透过滤，残渣加压粉碎滤饼，重复碱液与加压处理 4 次，最后在 -20℃ 下冻结滤饼，在 10℃ 下解冻，加压除去残留的碱即得。这种碱性甲壳素可分散在水中形成胶体溶液。该胶体溶液较稳定，可进而进行化学改性（化学修饰），也可以进行流延成形加工。

（三）微晶甲壳素的制备

涂敷在伤口或注射剂用的甲壳质，采用粒度 150μm（最好50μm）以下的微晶甲壳质，制备如下：

甲壳质经酸控制水解并切剪后而制成。它可以在水中胶溶成稳定的凝胶状触变分散体。根据不同的用途，制法不尽相同。如甲壳质粉加入 20℃ 的 65% H_2SO_4 中，1h 后滤去杂质，用水稀释至 H_2SO_4 浓度为 30%，析出悬浮状甲壳质经过滤并水溶洗至中性，可得 80μm 以下的微晶甲壳质。

还可在磷酸或正丙醇中，甲壳质粉煮沸 2h，马上在水中骤冷，放入掺合器中剪切长链，洗涤，冷冻干燥得微晶甲壳质。它的分子量由原甲壳质 80 万减小到约 7.5 万。也可把甲壳质在 2mol/L HCl 中煮沸 5min，过滤，水洗，干燥制得。此种微晶甲壳质可作食品添加剂，药用敷料或粘合剂。

（四）壳寡糖（寡聚糖、低聚糖）的制备

甲壳素和壳聚糖及其衍生物已被广泛应用于化工、食品、化妆品、环保和医药卫生行业，特别是医药和医用材料方面。而壳寡糖（寡聚糖、低聚糖）是由壳聚糖进一步加工制得，易溶于水，易被吸收，并具有抗菌、抗肿瘤和提高防御疾病能力等功效。因而，正为人们所关注并处于开发热点之中。

目前，壳寡糖的制备主要有酸水解法、氧化法、酶解法及糖基转移法（详见有关参考文献）。其中已工业化的方法为盐酸水解法和酶解法。

1. 酸水解法（化学法）

用浓盐酸、浓硫酸和浓硝酸加热水解甲壳素和壳聚糖可降解制得壳寡糖，工业上则采用浓盐酸。

甲壳素和壳聚糖的酸水解过程及产物见图 2-2.

甲壳素寡聚糖可经盐酸水解制得，方法有 4 种（Baker 法、Rupley 法、Capon 法、离子交换膜渗透法）。其聚合度常为 2~7：$(GLcNc)_2$ - $(GLcNc)_7$。

大连化物所研究了盐酸水解甲壳素的条件，得到生产聚合度较高的几丁寡糖的水解条件：40℃ 时反应 2h，加入氢氧化钠中和，

反应液通过活性炭粒，先用5%乙醇液洗脱去除部分单糖和中和反应生成的盐，再用60%乙醇将几丁寡糖洗脱出来，收集流出液，浓缩除去乙醇，用飞行质谱分析结果。

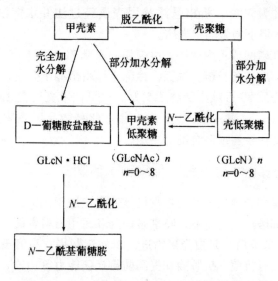

图2-2　甲壳素和壳聚糖的酸水解过程及产物

2. 酶解法

酶解法是利用专一性酶或非专一性酶对甲壳素或壳聚糖进行降解的方法。

盐酸水解法属非特异性，分解步骤难控制，特别是不易得到高级的壳寡糖（>6）；而酶解法，具有特异性，可选择性地酶解切断特定链，从而制得特定的壳寡糖，并且反应条件温和，不采用强酸强碱，因而环境污染少。

甲壳素酶和壳聚糖酶广泛存在于细菌、放线菌、霉菌和植物病原体中，甲壳素和壳聚糖的酶解过程见图2-3。

由于甲壳素酶降解甲壳素缓慢，实际研究得更多的壳聚糖酶，因为壳聚糖可溶解于稀酸成为胶体，壳聚糖酶易与壳聚糖发生降解反应。壳聚糖酶也是把壳聚糖降解成壳寡糖，最后被氨基葡萄糖苷酶水解成氨基葡萄糖。

中国从 20 世纪 80 年代末即已用酶解法生产低聚壳聚糖，且批量出口。中科院大化所在国际上首次报道并采用酶反应——膜分离耦合技术制备壳寡糖。

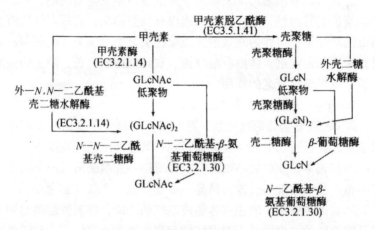

图 2 - 3　甲壳素和壳聚糖的酶解过程

3. 糖基转移法（酶法合成）

此法是利用低聚合度寡糖，在酶参与作用下，延长糖链成为高聚合度的寡糖。具有糖基转移反应且合成壳寡糖的酶主要有溶菌酶和精制的甲壳素酶。这是一种很有前途的方法。在生物和医药行业很有应用价值。

（五）甲壳素单糖及其主要衍生物的制备

甲壳素的最终水解产物氨基葡萄糖及其衍生物在作为医药和保健食品方面具有许多疗效功能，因此甲壳素单糖的研究与应用开发已成为热点，使得甲壳素原料市场紧张，价格上涨。

1. 氨基葡萄糖盐酸盐的制备

氨基葡萄糖盐酸盐是甲壳素完全水解的单糖产物。其生产工艺流程如下：

甲壳素→酸水解→活性炭脱色→浓缩结晶→重结晶→氨基葡萄糖盐酸盐（白色结晶）。

它在医药业用途广泛，可用于抗细菌感染及免疫佐剂，对恶性肿瘤有抑制特异性，而对正常细胞仅有轻微影响；它是人体抗流感病毒的活化剂；可作为有效治疗风湿性关节炎、肠炎等的制剂；还可作为添加剂促进人体内乳酸杆菌、双歧杆菌的生长，防止胆固醇蓄积，有保健抗衰老的作用。

2. N-乙酰氨基葡萄糖的制备

N-乙酰氨基葡萄糖也是一种水溶性单糖，是以氨基葡萄糖盐酸盐为原料进行乙酰化学反应而得到。其生产工艺流程如下：

氨基葡萄糖盐酸盐→加入有机介质中→加醋酸酐反应→抽滤洗涤→粗产品→溶解→过滤→结晶→固液分离→产品（白色结晶）。

其临床主要用于增强人体免疫系统的功能，抑制肿瘤细胞和人成纤维细胞的过度生长，对癌症能起到抑制和治疗作用，对于各种炎症能起到有效的治疗，并且对于骨关节炎及关节疼痛也有治疗作用。

3. 氨基葡萄糖硫酸盐的制备

氨基葡萄糖硫酸盐合成的原料也是氨基葡萄糖盐酸盐，其生产工艺流程为：

氨基葡萄糖盐酸盐→加入有机溶液中→脱氯离子→加浓硫酸、硫酸盐→加有机溶剂沉淀→固液分离→醇洗→干燥→产品（白色结晶）。

它在临床上可用来治疗骨关节炎，能显著减轻骨关节引起的炎症和疼痛。据资料报道，仅美国就有5000多万骨关节炎患者，利用这种无毒副作用的产品治疗。

甲壳素类产品质量要求和质量标准

（一）甲壳素的性能和结构测试

甲壳素和壳聚糖的分子量、比旋度、脱乙酰度、溶解度、结晶参数及稳定性等性能和结构测试，已有许多研究报道。如热分析（热量分析，差热分析）、元素分析、紫外光谱、红光外谱、X 射线衍射谱、核磁共振氢谱等测定有关数据、图谱。

用粘度法在 25℃ 时测定并求出特性粘度 $[\eta]$，再由 $[\eta] = 1.81 \times 10^{-3} \bar{M}^{0.93}$ 式计算出粘均分子量 $\bar{M}$。

脱乙酰度测定方法较多，有酸碱滴定法、电位滴定法、银量法及红外光谱法等。

（二）甲壳素的质量要求

甲壳素及其衍生物在医学、药学等方面作为主成分或辅料，对其质量要求，控制及标准的制定是严格的。一般包括：

（1）通用规格。

（2）聚合物性质（鉴别、IR 光谱、热分析、溶液颜色及澄明度、分子量、黏度类型、脱乙酰度）。

（3）药用质量要求：①一般特性如外观、黏度、相对密度、溶解性、pH、干燥失重、灼烧残渣、酸不溶灰分、总氮、不相溶性、包装贮存等。②化学纯度（%）如：Cl、S、F、Cd、Hg、As、Ni、Fe、Pb、Cu、Zn、K、Na、Mg、Ca 等含量。③微生物检查。④安全性等。

屈步华、刘素清等曾提出作为药物敷料和生物医用材料用的甲壳素的质量要求，包括：命名性状、鉴别检查（黏度、pH、蛋白质、干燥失重、灼烧残渣、重金属、砷盐、微生物）含量测定，安全性（包括一般药理实验、急性毒性、长期毒性、致突变、生殖毒性）、用途、使用期限、包装等。

卫生部制定了药用辅料规格，甲壳素和壳聚糖的质量标准。

（三）甲壳素产品质量标准

甲壳素、壳聚糖产品的质量标准指标一般分为工业级和医药食品级。

1. 壳聚糖工业级质量标准指标

外观：白色或淡黄色粒状

灰分：≤2%

水分：≤10%

不溶物：≤2%

pH：6.5~7.5

黏度：100~1500mPa·s（1%浓度）

脱乙酰基度：>75%

2. 壳聚糖医药食品级质量标准指标

外观：白色或淡黄色、微细、无臭、活动性粉末。

粒度：小于300μm

密度：1.35~1.40g/m³

pH：6.5~7.5

灰分：<1%

水分：<10%

不溶物：<1%

黏度：50~500mPa·s

脱乙酰基度：>85%

化学纯度（%）：

氯（Cl）0.01   镁（Mg）0.02

氟（F）0.01 硫（S）0.04

砷（As）0.0002 镍（Ni）0.0003

铁（Fe）0.001 锌（Zn）0.005

铜（Cu）0.002 钠（Na）0.005

钾（K）0.001 钙（Ca）0.5

重金属 0.002［镉（Cd）0.0001 汞（Hg）0.0001 铅（Pb）0.001］

微生物检查（个/g）：

产气菌和真菌 < 150

霉菌 - 酵母菌 < 10

葡萄球菌 无

大肠杆菌 无

沙门菌 无

绿脓杆菌 无

梭状芽孢杆菌 无

（四）国内外壳聚糖产品主要技术指标

国内外壳聚糖产品主要技术指标见表 2 - 4。

表 2 - 4　国内外壳聚糖产品主要技术指标

项目	外国执行指标	企业达到指标	中国执行指标	企业达到指标
外观	白色 ~ 浅黄褐色粉末	白色	类白色、淡黄色粉末	白色
粒度	80 目	100 目	100 目	100 目
黏度	> 100Pa·s	473cPa·s	< 100cPa·s	60cPa·s
pH	/	/	6.5 ~ 7.5	7
脱乙酰度	< 80%	87.1%	≥85%	93%
水分	< 12%	6.77%	< 10%	5%
灰分	< 1%	0.34%	< 1%	0.2%
砷	< 1ppm	0.5ppm	< 0.5ppm	0.01ppm
铅	< 10ppm	1ppm	< 1ppm	< 0.2ppm

项目	外国执行指标	企业达到指标	中国执行指标	企业达到指标
汞			<0.3ppm	0.01ppm
一般细菌数	3×10^3 个/g	<300 个	1×10^3 个/g	10 个/g
大肠菌数	阴性	阴性	<40 个	阴性
备注		符合政府规定	符合政府规定	Q/02YYS001 – 1996 指标

（五）日本企业标准壳聚糖质量指标

日本企业标准壳聚糖质量指标见表2 – 5。

表2 – 5　日本企业标准壳聚糖质量指标

项目	1 号壳聚糖	2 号壳聚糖
外观	淡褐色粉末	淡黄色粉末
吸湿性	几乎不吸湿	几乎不吸湿
粒度	3.5mm 以下	3.5mm 以下
表观密度	约0.2	约0.2
水分	10% 以下	12% 以下
黏度	0.1 ~ 0.5Pa · s	0.1 ~ 0.3Pa · s
溶解性	可溶于稀酸	可溶于水
保存性	稳定	慢慢变质

（六）影响生产质量相关的指标内容

　　壳聚糖的质量常以脱乙酰度、溶解度、溶液黏度、色泽、灰分等来衡量，由于生产原料、生产工艺、生产条件不同，壳聚糖的质量有很大的差异，见表2 – 6。在同一生产过程中，优质蟹壳原料越好，脱乙酰度越高，黏度相对也高，原料质量越差，脱乙酰度越低。壳聚糖的溶解度因分子量、脱乙酰度和酸的种类不同而有差别，一般说，分子量越小，脱乙酰度越大，溶解度就越大。几丁聚糖溶液因酸的种类、pH、浓度、温度及溶液中离子强度不同而表现出不同的黏度，国外根据溶液的黏度（1% HAc 中 1% 浓度分为低、中、高黏度三种规格）：

高黏度 >1000mPa·s

中黏度 100~200mPa·s

低黏度 25~50mPa·s（在 2% HAc 中含 2% 的几丁聚糖）

表 2-6　影响生产质量相关的指标内容

主要指标	与相关内容影响有关		
	生产原料	生产工艺	生产条件
脱乙酰度	✓	✓	✓
水分		✓	✓
灰分	✓	✓	✓
黏度	✓	✓	✓
理化指标		✓	✓
微生物指标		✓	✓
色度	✓	✓	✓

（七）黏度（分子量）与人体健康的相互关系

壳聚糖分子量越低，越容易被人体吸收。脱乙酰基纯度越高，其品质越好。作为功能性健康食品具有脱乙酰基纯度高、分子量低等优点。分子量（黏度）大小与人体健康有关，见表 2-7。

表 2-7　黏度（分子量）大小与人体健康的相互关系

黏度（分子量）		脱乙酰度	适应状态
蟹壳	虾壳		
400~700cPa·s	100~300cPa·s	75%~80%	亚健康：27~47 岁年龄段用于排泄有害物质

黏度（分子量）		脱乙酰度	适应状态
200~400cPa·s	80~200cPa·s	80%~85%	预防康复：15~65 岁年龄段用于保健和恢复健康。
100~300cPa·s	60~150cPa·s	85%~90%	治疗扶正：60~70 岁年龄段或疾病态，用于扶正治疗，提高治愈率。
60~700cPa·s	30~300cPa·s	90%~95%	重病治疗：65~80 岁以上年龄段，用于患者、体弱者、吸收功能差者，易吸收切疗效明显。

甲壳素类的化学结构和特性

（一）甲壳素类的名称

	Chitin	Chitosan	Chitodigosaccharides (COS)
英文	Chitin	Chitosan	Chitodigosaccharides (COS)
日文	キチン	キトサソ	キトサソ
学名	几丁质(音译)	几丁聚糖(音译意译)	壳寡糖
统称	甲壳质(意译)	甲壳质 甲壳素衍生物	甲壳素衍生物
通称	甲壳质	壳聚糖、甲壳胺、壳糖胺	壳寡糖
俗称	甲壳素、壳质、壳多糖、壳糖、壳蛋白、蟹壳素、虫膜素、明角质、不溶性甲壳质	脱乙酰壳多糖、脱乙酰几丁质、聚氨基葡萄糖、脱乙酰基甲壳质、可溶性甲壳质	低聚糖、寡糖、低聚壳聚糖、低分子量壳聚糖
港台译名		基多酸	
国外商品名		FlonacN	
日本商品名		敖多善	
中国商品名	甲壳素(质)	奇特散、喜多安等	金多莱壳寡糖、久康其善、奥利其善
化学学名(简称)	聚 N-乙酰葡萄糖胺	聚葡萄糖胺	聚氨基葡萄糖
分子式	$(C_8H_{13}HO_5)_n$	$(C_6H_{11}NO_4)_n$	$(C_6H_{11}NO_4)_{2\sim30}$
分子量	100 万~200 万	10 万~100 万	≤5000
基本单位	乙酰葡萄糖胺	葡萄糖胺(氨基葡萄糖 GA)	氨基葡萄糖(GA)

（二）甲壳素的化学结构和特性

甲壳质的化学学名为：[（1,4）-2-乙酰氨基-2-脱氧（-β-D-葡萄糖）]或β-（1→4）-2-乙酰氨基-2-脱氧-D-葡萄糖（也称N-乙酰基-D-萄糖胺-线性生物聚合物（Poly β-1,4-N-Acetyl-glucosamine）。简称为：聚N-乙酰葡萄糖胺。

甲壳素的基本单位是乙酰葡萄糖胺，它是由1000~3000个乙酰葡萄糖胺残基通过β-1，4糖苷链直线连接成的聚合物。

甲壳素是高分子量天然化合物。它难得单独存在于自然界，一般都与蛋白质或碳酸钙络合或呈共价结合。其化学结构和植物纤维素相似，都是6碳糖的多聚体，分子量都在100万以上，只是甲壳

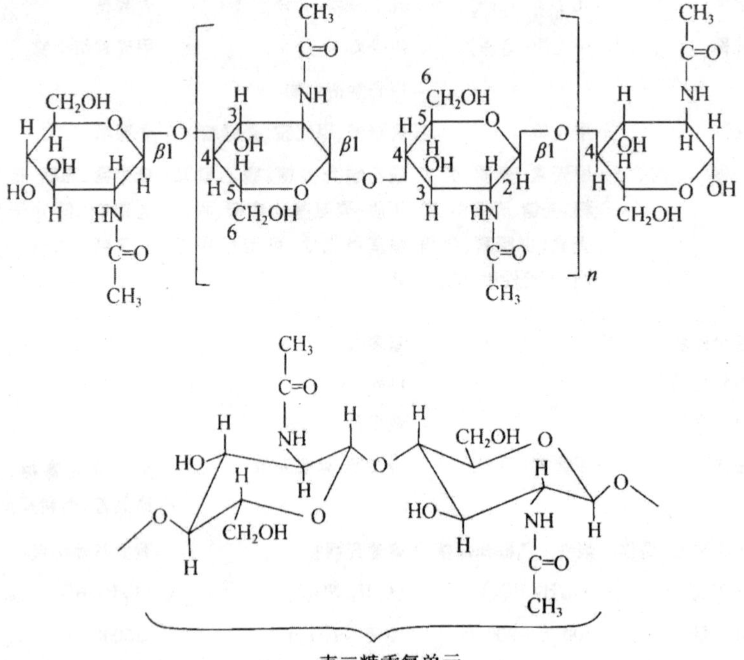

壳二糖重复单元

图2-8　甲壳素分子的结构和构象

素用乙酰氨基取代植物纤维素 C -2 位置羟基（—OH）。甲壳素也可视为纤维素的类似物——动物纤维素。两者可能都是在细胞膜外合成的。

甲壳素分子的化学结构和构象见图 2 - 8。甲壳素分子也排列成微纤维形式。X 射线衍射研究发现甲壳素微纤维为晶形结构。

由于甲壳素分子中有乙酰氨基的存在，分子间形成很强的氢链，因此不溶于水和普通的有机溶媒和试剂，这种难溶性质限制了甲壳素的充分利用。

（三）壳聚糖的化学结构和特性

壳聚糖是甲壳素的主要衍生物——脱乙酰甲壳素，结构上可视为甲壳素的脱乙酰基衍生物，其化学学名为：$\beta - (1\rightarrow4) - 2 - $氨基 $-2 - $去氧 $- D - $葡萄糖或 $\beta - 1$，$4 - $聚 $- D - $葡萄糖胺（Poly$\beta$ $- 1, 4 - D - $glucosamine）。简称为：聚葡萄糖胺。

其化学结构式，与甲壳素、纤维素相似，见图 2 - 9。

壳聚糖的基本单位是葡萄糖胺，是甲壳素在浓碱中脱去分子中的乙酰基后的生成物。由 1000 ~ 3000 个葡萄糖胺分子组成，分子量为 10 万 ~ 100 万，壳聚糖是甲壳素中乙酰基完全被脱除的高分子物质，其每个链段都是由葡萄糖胺按 $\beta - 1$，4 苷链结合而成的。它是一种碱性物质，或者说是带阳离子的高分子纤维素。

壳聚糖和甲壳素在结构上的实际区别在于脱乙酰基的程度。壳聚糖分子中仍有部分 N - 乙酰基存在。脱乙酰度在非常苛刻的条件下，也很难达到 100% 的脱乙酰度。因此，统称甲壳素、壳聚糖系指在甲壳素脱乙酰壳聚糖制备过程中不能完全脱去乙酰基的高分子物质。

一般说，分子量越高吸附能力越强，适合工业、环保领域应用。低分子量容易被人体吸收，分子量为 7000 左右的壳聚糖，大约含 30 个左右的葡萄糖胺残基。甲壳素脱乙酰基纯度越高其品质越好。壳聚糖脱乙酰度不同，或含游离氨基的多少，可使壳聚糖具

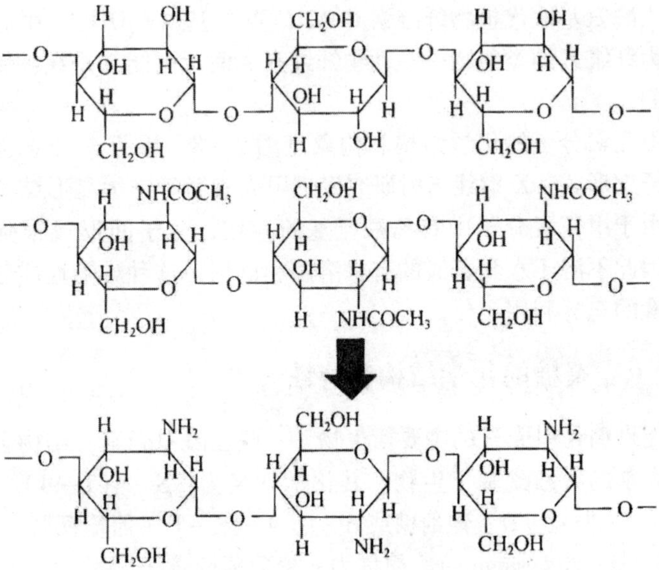

图2-9 纤维素、甲壳素及壳聚糖的化学结构

有不同的性质，但它们大多溶于有机溶媒，如与盐酸、醋酸等结合则可溶于水而形成凝胶。

壳聚糖可以被溶菌酶及壳聚糖酶等降解，使大分子切断成许多不同链段数的小分子，当降至2～8分子时，称之为壳寡糖（即低分子量的葡萄糖胺聚合物）降至单分子时，则为葡萄糖胺。这种小分子可以完全溶于水中，从人体组织中渗透穿过，可杀菌、去除有害物质、活化细胞，更能穿过骨膜，把沉积在骨骼内的重金属和放射性物质吸附并排出体外，以及抑制癌细胞转移等作用。

甲壳素脱去乙酰基后成为壳聚糖，暴露出分子结构许多链段上带阳离子的氨基，增加了在稀碱中的溶解性，并使它与人体内多种带阴离子的如氯离子、胆汁酸、脂肪酸以及病菌等有害物质相结合排出体外。

壳聚糖还有许多特性，诸如吸附性、成纤性、成膜性、粘连性、絮凝性、透气、透温、保温性、对人体细胞的亲和性、杀菌性、螯合性、吸收保湿性等。

（四）纤维素的化学结构和特性

甲壳素、壳聚糖作为动物纤维素，化学结构与纤维素相似，均为六碳糖聚合体。但它不同于植物纤维素，纤维素是构成植物中主要成分，蔬菜、水果中也有一定含量。

纤维素是天然高分子化合物，其结构基本单位是 D - 葡萄糖，其化学式为 $C_6H_{10}O_5$，其化学结构的实验分子式为 $(C_6H_{10}O_5)_n$（n 为聚合度）。分子量不易正确测定，估计可达 200 万。纤维素的化学结构见图 2 - 9。

它是真正的 β - 1，4 - 聚葡萄糖。1 - 位碳原子和相邻链段的 4 - 位碳原子以 β 苷链接，它不带乙酰氨基，也没有氨基。在 α - 位碳酸原子上接的是羟基（—OH），同样的高分子物质，为白色固体，韧性强，但不溶于水、醇、醚，也不溶于稀碱。

纤维素水解的最终产物也是 D - 葡萄糖。可人类没有在体内溶解、消化、吸收纤维素的能力，不能在体内将其变为葡萄糖。但能刺激肠道，穿肠而过，促进排便和肠道排毒，减少直肠患病的机会。食草动物则依靠肠道中微生物所分泌的酶可把纤维素变为葡萄糖。

甲壳素类的理化性质

（一）一般理化性质

甲壳素是由数千个乙酰氨基葡萄糖残基直线连接成的线性多糖聚合物，有 α、β、γ 三种异构体。动物几丁质分子量在 100 万～200 万，经提取后分子量在 10 万～120 万。不溶于水、稀酸、稀碱和有机溶剂。由于不溶于水等，在应用上受到限制，因而主要用来制备衍生物：一类是甲壳素通过脱乙酰基得到壳聚糖；另一类是甲壳素彻底水解，最终产物为氨基葡萄糖（GA）。采用不同原料和不同方法制备的几丁质的溶解度、分子量、乙酰基值、比旋度等有很大差别。

壳聚糖是甲壳素在强碱作用下部分或绝大部分脱乙酰的产物。壳聚糖有 α、β 两种异构体。分子量约 10 万～100 万，–185℃分解。为无溴、白色或淡黄色结晶性粉末或片状固体。在浓酸中溶解并发生降解，可得到水解最终产物 GA，壳聚糖在有机溶剂中不溶。表观相比密度为（0.15±0.05）kg/L，含水量 10%，黏度在 1% 醋酸中 1% 浓度时为 2000～3000cP·s（厘帕）。

（二）物理特性

1. 吸湿性

壳聚糖是高分子匀聚糖，因其分子中含羟基、氨基等极性基因，其吸湿性强于聚乙二醇和山梨醇，可与透明质酸钠比美，仅次于甘油，故可用于化妆品。

2. 成膜性、成丝性

壳聚糖溶于水为黏稠胶体，可涂布于干燥玻片、纸张、橡胶上，在玻片上，可成为柔软的透明膜，有一定抗拉强度，具有黏附性、通透性和防静电性。故可制成隐形眼镜片、美发护发用品。将壳聚糖粉末配成浓溶液，经湿法纺丝制的细丝，其丝线打结强力及伸长率都很理想，故可制成无纺布、手术缝合线，防火衣等。

壳聚糖具有吸湿性、黏弹性、成膜性和纺织性，是开发各种医用产品的基础，特别是可制作手术缝合线、创口贴、人造皮肤膜、口腔溃疡膜、超滤、反渗透、人工肾分离膜、止血材料、药用载体等，而且利用其物理机械性能，制成粉状、膜状、胶状、棒状、针状、微球、颗粒剂等剂型。

（三）化学特性

1. 溶解性

甲壳素为白色无定形物质，由于分子间有强烈的氢键作用，几乎不溶于一般有机酸、水、稀酸、碱，虽能溶于浓盐酸、硫酸、硝酸等，但葡萄糖链可能断裂，生成 D - 氨基葡萄糖盐酸盐等。甲壳素能溶于卤化醋酸和有机溶剂组成的二元溶剂。

壳聚糖分子本体仍有立构规整性和较强的分子间氢键，在多数有机溶剂，水，碱中仍难以溶解，但由于有氢键，在稀酸中当 H 活度足够等于—NH_2 浓度时，使—NH_2 质子化成—NH_3^+，破坏原有氢键和晶格，使—OH 与水分子水合，分子膨胀并溶解。所以壳聚糖可溶解在许多酸中，如水杨酸、酒石酸、抗坏血酸等有机酸及盐酸、硫酸、硝酸、高氯酸中等无机酸。

壳聚糖的溶解度因分子量、脱乙酰度和酸的种类不同而有差别。一般说，分子量越小，脱乙酰度越大，溶解度就越大。

壳聚糖分子中含有氨基（—NH_2），具有碱性，因而，遇酸（含胃酸）生成盐类，形成带正电荷的阳离子集团。如在胃液中反应：

$$R\text{—}NH_2 + HCl \longrightarrow R\text{—}NH_3^+ + Cl^-$$

这是迄今所知自然界中唯一存在的带正电荷的阳离子可食性纤维。

2. 反应性

（1）重链的水解：甲壳素、壳聚糖在盐酸中于100℃加热后发生水解，可得到氨基葡萄糖盐酸盐。

（2）脱乙酰基：甲壳素在浓碱（40%～60% NaOH）中100～180℃加热，可脱去70%～95%的乙酰基，生成壳聚糖。脱乙酰基程度与温度、时间、碱浓度有关。其分子量与所需时间有关。

（3）衍生物：壳聚糖含有多种功能基因，易发生酰化、酯化、羟基化、醚化、磺酸化、羟基化、烷基化取代等反应，通过化学修饰（化学改性）可制成许多具有特殊功能的系列衍生物。如硫酸酯化后，其结构与肝素相近，具有抗凝血作用；壳聚糖与甲醛、戊化醛作用，生成交联几丁聚糖，为一种阴离子交换树脂等等。

3. 螯合、吸附性

几丁聚糖分子中含有羟基、氨基可以有效地螯合或吸附溶液中的重金属离子、带负电荷的悬浊物、有机物（如染料、蛋白质、氨基酸、核酸、脂肪、卤素等）。可螯合金属如 Hg、Pb、Zn、Ni、Cr、Cu、Fe、Mn、Ag、Au、Pt，特别是 Hg、Cu，其次是 Fe、Ni。壳聚糖除用于贵重金属（包括 U、Pu 和稀土金属等）捕集分离外，并成功地用于 Cd、Hg、Pb、As 等的解毒剂；还能使放射性物质迅速排出体外，使烟草中对人体有害的焦油烟雾大大降低。

壳聚糖的吸附性是令人瞩目的特性之一，具有环境保护、贵重金属捕集、凝集和澄清、排毒除污等重要功能，除广泛用于制药、化工精制分离等用途外，特别在食品业有非凡功能如啤酒除雾、饮料澄清、食品保鲜、防腐、调味、增稠，是现有任何澄清剂、防腐剂等食物添加剂无可比拟的。壳聚糖与顺铂结合，可改善药物动力学，提高抗癌疗效，降低药物不良反应。此外，还能作为农业、水产等生物助长剂，提高生物抗病能力并使收获量大为提高。

4. 稳定性

（1）温度的影响：壳聚糖粉末置密闭容器中，在常温、干燥条件下保存，至少在 3 年内是稳定的，但吸湿或在水溶液中会发生分解，并随温度的升高而加快。如在 50℃ 放置 6 个月后，其平均分子量下降 30%。

（2）光线的影响：壳聚糖暴露在光线下，分解情况与温度的影响相同。引起光分解最甚的波长是 200~240nm 的远紫外线区域。随波长增加，分解反应减少。

此外，还有生物降解性、生物相容性以及安全性，将在另章生物学性质中另加叙述。

甲壳素及其衍生物最吸引人的应用是利用它们的化学特性或生物活性性能。

甲壳素类的化学结构修饰

（一）化学修饰的目的性

由于甲壳素分子中氢键的作用，几乎不溶于一般的有机溶剂和稀酸、碱中，脱乙酰后的壳聚糖的溶解性大大改善，但仍然只能溶解于酸和碱性水溶液中，而不能直接溶于水，在很大程度上限制了它们的应用范围。甲壳素、壳聚糖分子中的羟基（—OH）和氨基（—NH$_2$）容易进行化学改性——化学修饰，引入多功能基团，这样不但增加其溶解性能，而且可以改变其物化性质，赋予它们更多的特殊功效，拓宽其应用范围。因此，甲壳素、壳聚糖的化学修饰、制备水溶液的甲壳素、壳聚糖及其衍生物，是当今研究与开发甲壳素的重要课题和新领域之一。

水溶性甲壳素：壳聚糖及其衍生物的制备大体上可分为 3 类：①在均相条件下控制甲壳素的脱乙酰度在 50% 左右时，可得到水溶性产物。此时分子链中乙酰基和氨基呈无规则分布，破坏其分子的有序排列。②壳聚糖在适当条件下解聚为低分子量，可直接溶于水。③利用甲壳质、壳聚糖分子结构中的羟基和氨基的反应活性，在其分子链上引入亲水基团，得到不同结构的水溶性甲壳素、壳聚糖的衍生物。

（二）甲壳素衍生物的化学结构和化学构成

甲壳素和壳聚糖的化学结构修饰，大体上可分为 3 个方面：①在母体上引出侧链，该类反应主要是利用羟基特别是 C$_6$ 上的羟基和 C$_2$ 上的—NH$_3$ 进行的化学结构修饰。②甲壳素或壳聚糖（主要是壳聚糖）进行的交联反应。③甲壳素和壳聚糖的降解反应，用于制备低聚糖或单体的氨基葡萄糖。

甲壳素衍生物的化学修饰和化学构成见图2-10、2-11。

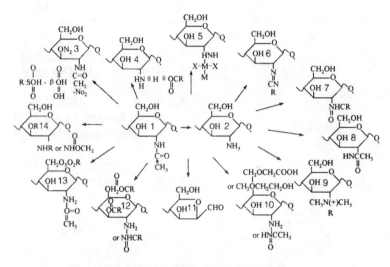

图2-10 甲壳素和壳聚糖的化学修饰

1. 甲壳素 2. 壳聚糖 3. 碱性甲壳质 4. 聚电解质盐 5. 金属络合物
6. N-亚烷基、N-亚芳基衍生物 7. N-酰基化衍生物 8. 脱氧卤化衍生物 9. N-烷基化衍生物 10. O-羟基或羟烷基衍生物 11. 氧化-脱氨基产物 12. O-酰基化衍生物 13. O-磺酰化衍生物 14. 硫酸化、磷酸化、硝酸化衍生物

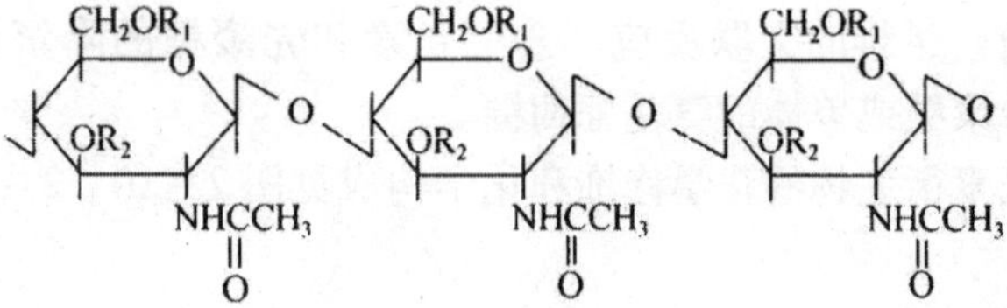

R_1: H R_2: H CHitin

R_1: H : CH$_2$COOH 75% : 25% R_2: H 25—CM—CHitin

44% : 56% R_2: H 56—CM—CHitin

20% : 80% R_2: H 80—CM—CHitin

R_1 R_2: H : —CH$_2$COOH 80% : 120% R_2: H 120—CM—CHitin

R_1: —COCH$_3$ R_2: H Acetyl—CHitin

R_1: —CH$_2$CH$_2$OH R_2: H Hydroxyethyl (HE) —CHitin

R_1: —CH$_2$CHCH$_2$OH R_2: H Dihydroxyproyl (DHP) —CHitin
　　　　|
　　　　OH

R_1: PO$_3$H$_2$ R_2: H Phosphoryl (P) —CHitin

R_1: SO$_3$H R_2: H Sulfony (S) —CHitin

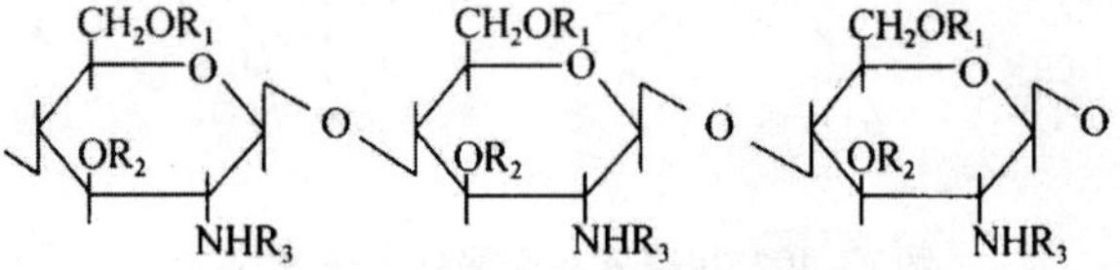

R_1: H R_2: H R_3: H Chitosan (DAC—100)

R_1: —CH$_2$CHCH$_2$OH R_2: H R_3: H DHP—Chitosan
　　　|
　　　OH

R_1: —CH$_2$COOH R_2: H R_3: H CM—Chitosan

R_1: H R_2: H R_3: COCH 70% DHP—Chitosan

H 30% $\dfrac{30\% \text{ deacetylated chito}}{(\text{DAC}—30)}$

R_1: H R_2: H R_3: COCH 30% $\dfrac{70\% \text{ deacetylated chito}}{(\text{DAC}—70)}$

H 70%

R_1: —CH$_2$COOH 56% R_2: H R_3: COCH 30% CM—DAC—70

H 44% H 70%

R_1: —CH$_2$COOH 56% R_2: SO$_2$H : 20% R_3: COCH 30% S—CM—DAC—70

SO$_3$. 44% H : 80% SO$_3$H 70%

图 2 - 11 甲壳素衍生物的化学构成

（三）常用的化学修饰类型

常用的化学修饰类型有酰基化、醛亚胺化、硫酸酯化、羟乙基化等。

1. 酰基化

通常的酰化试剂为酸酐或酰基氯。反应介质对酰化反应程度影响很大。壳聚糖在非质子性溶剂（如甲醇－乙醇或甲醇－甲酰胺）中可以完全乙酰化。而在甲醇－乙醇溶剂中只能获得部分酰基化产物。也可先制成高溶胶状物，实现非均相快速酰基化反应，或在三氯乙酸－二氯乙烷中进行均相反应。

直链脂肪酰基衍生物（如甲酰、乙酰、巳酰、葵酰、十二酰、十四酰）可在甲醇或吡啶－三氯甲烷溶剂中制得、支链脂肪酰基衍生物（如 N－异丁酰基、N－三甲基乙酰基、N－异戊酰基）可在甲酰胺溶剂中反应。芳烃酰基衍生物常在甲硫酸溶剂中制备。

在乙酐中通入 HCl 气体，甲壳素发生酰化反应，其产物可用作缓释农药用。

壳聚糖的酰化反应既可在羟基上也可在氨基上进行。

酰基化衍生物的溶解性能大大改善，此类衍生物常用来制成多孔微粒作分子筛，色谱载体，酶固定化载体，血液相容性材料，抗凝血材料，金属离子络合材料，减低肝炎病毒抗原的抗体固体材料等。

2. 醛亚胺反应——Schiff 碱反应

壳聚糖在甲醇－乙酸介质中与过量醛反应可得到相应的醛亚胺化衍生物，此衍生物可保护氨基，使其不被氧化和水解。

这类衍生物由于引入大分子醛基，减弱了壳聚糖分子内氢键作用，从而这些衍生物有很好的溶解性，易溶于水和有机溶剂。

壳聚糖与多功能醛反应，经氧化还原后可得聚两性电解质。与水扬醛反应产物具有很强的金属络合能力。

醛亚胺化衍生物常作为酶固定化和凝胶色谱载体。

3. 硫酸酯化

甲壳素在非均相下与硫酸化试剂反应可生产硫酸酯，是其化学修饰中最吸引人的领域。

最常用的酯化试剂为氯磺酸－吡啶，还有浓硫酸、发烟硝酸、SO_3－吡啶、SO_3－SO_2、SO_3－DMF 等。

甲壳素和壳聚糖硫酸酯衍生物的结构和肝素类似，具有抗凝血性能，因此很受重视，此类衍生物研究最多。如要将壳聚糖 C_6 位上的—CH_2OH 基用 $HClO_4$ 和 CrO_3 氧化成羟基，再行硫酸酯化，则产物的化学结构与肝素更接近。见表 2－8。

表 2－8　聚糖衍生物类肝素结构与抗凝血活性

化合物（Mol. wt）	R^1	R^2	R^3	抗凝血活性（a）
N,O－硫酸化壳聚糖 (12000)	SO_3Na	H_2SO_3Na	CH_2OSO_3Na	110~160（b） 30~40（c） 3~5（d） 0（e） 14~52（f） 40（f）
O－硫酸化，N－乙酰化壳聚糖(26000)	Ac	SO_3Na	CH_2OSO_3Na	190~220（b） 40~50（c） 3~5（d） 0（e） 25（f）
O－羧甲基化，N－硫酸化壳聚糖(54000)	SO_3Na	H	$CH_2OCH_2CO_2Na$	20~30（b） 10~30（e） 3~5（d） 0（e）
	SO_3Na	H	CH_2OH	0（f）
	SO_3Na	H	CH_2Na	23（f）
	SO_3Na	SO_3NaH	COH_2Na	45（f）
	CH_2CO_2Na	H	CH_2OSO_3Na	45（f）

（a）以肝素抗凝血活力（174 单位/mg = 100）为基准；（b）APTT 时间试验；（c）TT 时间试验；（d）AA 时间试验；（e）抗 Xa 因子活性；（f）VSP 测定。

4. 羟基化

甲壳素或壳聚糖在碱性溶液或在乙醇、异丙醇中可与环氧乙烷、2－氯乙醇、环氧丙烷基化环氧丁烷生产羟己基化、羟丙基化及羟丁基化的衍生物。

羟己基甲壳质易溶于水，它可以作为溶菌酶活力测定的底物，在化妆品中可用作固定胶、润肤霜等。羟丙基甲壳质的成膜力很强。

乙二醇甲壳素与5－氟尿嘧啶钾盐的反应底物，还具有抗肿瘤性能。$6-O-$（2－羟甲基）甲壳素、$6-O-$（2，2－羟丙基）甲壳素具有很强的吸水性，可用作一次性尿布等强吸水性材料。

5. 羧基化

甲壳素和壳聚糖在碱性条件下，与氯乙酸反应可得到$O-$羧甲基化甲壳素或壳聚糖。反应伴随有脱乙酰化反应发生，产生游离氨基，最后获得可溶性水的两性电解质产物，对牛血清蛋白具有很强的吸附能力。更主要的羧基甲壳素可用来制取人造红血细胞。

壳聚糖与乙醛酸反应，再经$NaCNBH_3$还原则制得$N-$羟甲基壳聚糖。它具有抗菌、保温、增黏作用，可添加于牙膏、化妆品中。它还能络合过度金属离子形成不溶性盐。壳聚糖和乙酰丙酸作用制得$N-$羧丁基壳聚糖，可溶于水和乙醇－水中，也具有很强的抑菌作用，可用作人造皮肤、浮化稳定剂和化妆品中的活性组分。

6. 酸化反应

为改善甲壳素和壳聚糖的溶解性，可制成磷酸化或硝酸化衍生物。磷酸衍生物易溶于水，对金属离子有很强的吸附性能，特别是可以从海水或铀矿废水中回收铀。

在发烟硝酸作用下，可得到硝基化衍生物，它与硝酸纤维不同，在$151 \sim 156℃$未观察到着火点。

壳聚糖还可和甲酸、乙醇、草酸、乳酸等有机酸生成盐。其胶状物具有阳离子交换树脂特性，可作离子交换剂，亲和层析和酶固定化载体，用于蛋白质、酶的分离纯化。

7. 其他反应

还有氰基化、黄原酸化、接枝胶联化、氧化烷基化、热分解等，不再详述。

总之，通过化学修饰，可使甲壳素：①分子立体异构化；②分子潜在功能得到开发；③增加新功能；④利用甲壳素酶、溶菌酶的加合效应，还可能发现各种新的功能。

八 甲壳素类物质的生物活性

（一）甲壳素类在人体内的代谢

甲壳素类物质，若与植物性食品、牛奶及鸡蛋等一起食用可被吸收。植物和肠内细菌中含有的壳聚糖酶、脱乙酰酶以及牛奶、鸡蛋中含有的卵磷脂等可将其分解为低分子物质（寡聚糖）而被吸收，吸收的部位主要在大肠。

食用甲壳素类物质，自进入口腔即开始变化。唾液和胃液中含有大量的脱乙酰酶能够供甲壳素中的几丁质一部分脱去乙酰基转化为壳聚糖，成为直接进入胃内壳聚糖的一小部分。分子中含有氨基具有碱性的壳聚糖（或壳寡糖），吸附水分体积膨胀呈凝胶状，并与胃酸反应生成盐类，可解离为带正电荷的阳离子集团进入肠腔，使肠内 pH 移向碱性。

甲壳素在肠腔内经壳聚糖酶、分解酶和溶菌酶的作用几乎全部转化为壳聚糖。壳聚糖经酶进一步分解为壳寡糖（寡聚葡萄糖胺和葡萄糖胺），后者可被酶转化为葡萄糖，吸收并参加三羧循环，又在辅酶作用下产生氧化还原反应释放能量，最终产生水和二氧化碳排出体外。寡聚葡萄糖和剩余的葡萄糖胺在大肠入血产生多种生理功能；而后部分保持原型经肾脏排泄（壳聚糖和壳寡糖的聚合链主要在肾脏被打断），部分在肝脏经酶降解后随胆汁回到肠腔与食物残渣一起排出体外。

少部分甲壳素中的几丁质经口腔、胃和肠腔都未能脱掉乙酰基而保持几丁质原型，同植物纤维一样随粪便排出体外，无任何变化。

甲壳素类物质在体内代谢演变过程中，主要依靠并显示如下的理化特性：

（1）溶于酸性溶液、形成带正电荷的阳离子基团。

（2）在体内经酶分解后吸收或直接吸收。

（3）遇水溶解后呈凝胶状态并有吸附作用。

（4）壳聚糖和壳寡糖的基本单位是葡萄糖胺，是体内存在的物质；甲壳素的基本单位是乙酰葡萄糖胺。降解后的寡聚葡萄糖胺和葡萄糖胺，是构成人体重要物质透明质酸的基本组成单位，具有良好的亲和性，无排斥反应。

（5）降解的最终产物结构中游离氨基的邻位为羟基（－OH），与重金属离子产生整合作用并排出体外。

（二）甲壳素类的生物特性和毒性毒理

1. 甲壳素类的生物降解性

甲壳素及其衍生物可以生物降解，它们可以被甲壳素酶（壳聚糖酶）、溶菌酶等水解。据日本永井等试验，壳聚糖在试管中pH7.4磷酸缓冲液中受 1.5×10^{-2} mg/ml 溶菌酶的作用，28 天后只剩原始重量的 89%，而在大白鼠体内则为 69%。

溶菌酶或甲壳素酶对甲壳素及其衍生物的降解作用，随 N－取代基不同而异。若以动物甲壳中天然甲壳素的降解速率为 1，则 N－被乙酰取代后降解速率为 13。这是因为天然甲壳素结构紧密，水解只能从表面开始，而脱乙酰甲壳素（壳聚糖）被乙酰取代后，酶解从外表和凝胶内部同时进行，故加快了速率。

酶解的最终产物是氨基葡萄糖，是生物体内大量存在的一种成分，无毒。由于甲壳素及其衍生物在生物体内可以被降解，就不会有蓄积作用，产物也不与体液反应，对组织无排异反应，因此有良好的生物可容性。由于这种特性，他们是良好的生物材料，可制成各种医药产品。

甲壳素类在自然界也会分解，如在土壤中分解很快。把脱乙酰甲壳素加入耕地中，CO_2 的产生量显著增加，说明其在土地中的分解速率很高。据测定，在活性污泥中的分解速率比合成高分子化合物高 10 倍，比淀粉高 2 倍，因此不会像合成高分子材料那样对环境造成污染。

2. 甲壳素类的生物相容性

壳聚糖和壳寡糖在体内最终产物为葡萄糖胺（氨基葡萄糖），而它为人体软骨素、透明质酸的主要组成部分，因而对人体无毒、无"三致"，降解物易吸收、无抗原性、不致敏、无溶血、无排异现象，对机体组织有良好的生物相容性。

国内外学者进行了大量生物特性的实验研究，诸如全身急性毒性试验、热源试验、原发性皮肤刺激试验、皮内注射试验、皮肤致敏试验、眼结膜刺激试验、溶血试验、细胞毒性试验、显性致死试验、致突试验（Ames 试验）等等，均证实其具有无毒性、无刺激性、无免疫抗原性、无热源反应、不溶血、无致突变及无致畸变反应，是一种组织相容性良好的新的体内植入性生物材料。

国内壳聚糖和壳寡糖生物膜相容性的研究表明，以蟹壳为材料的组织再生生物膜既无色膜现象，又无炎症反应，其组织相容性好于虾壳为材料的生物膜。国内进行缝合线体内吸收的实验研究，显示甲壳素类缝合线在植入人体 2 周后开始降解，3 个月后完全吸收，其降解速度明显快于肠线，且组织反应小、吸收快、没有异物残留，不引起异物肉芽肿。临床应用效果满意。

3. 甲壳素类的安全性

甲壳素、壳聚糖、壳寡糖是天然的动物性食物纤维，无任何副作用，其安全性与砂糖相近。壳聚糖、壳寡糖是由体内存在的无毒氨基葡萄糖构成的，故作为人体服用或植入材料也是安全的。

4. 甲壳素类的毒性和毒理

国内学者曾进行了壳聚糖及其甲酸盐和醋酸盐对小鼠 19 天的急性毒性观察，结果按每天每公斤体重给小鼠服 18g 壳聚糖、16g 壳聚糖甲酸盐和 16g 壳聚糖醋酸盐后，均仅产生轻微毒性，其中醋酸盐毒性比前两者较大些。

国内有学者进行系统的甲壳素类毒性研究包括急性毒性研究、对大鼠口服的长期毒性观察、对沙门氏菌的诱变作用观察、对中国金鼠肺细胞染色体畸变作用的观察，对小鼠致畸作用的研究、对小鼠骨髓细胞微核率的影响，结果均未见毒理反应。

（三）甲壳素类的生物活性

1. 甲壳素类的细胞结合性能

甲壳素类物质内含有活性自由氨基，可形成聚阳离子，具有牢固的结合多种哺乳动物细胞和微生物细胞的能力。

（1）甲壳素类的红细胞结合性能：甲壳素具有良好的凝聚红血细胞的能力（可用作止血创口贴和黏膜止血剂）。其止血活性与通常的凝血性能无关，而与红细胞的细胞凝聚有关，是含正电荷的甲壳素与细胞表面含负电荷的神经氨酸碱基的受体发生相互作用的结果。

（2）甲壳素类的微生物细胞结合性能：国外学者研究结果表明，甲壳素选择性絮集多种微生物及真菌细胞，从而呈现抗菌性能，其作用机制也是基于微生物细胞表面的净负电荷性与聚阳离子壳聚糖间的静电相互作用。

2. 甲壳素类的细胞活化性能

研究表明，壳聚糖（壳寡糖）具有免疫学性能，它能活化腹膜渗出细胞、巨噬细胞，同时也能激活胸腺细胞。壳聚糖（壳寡糖）具有免疫调节性能，它能促进伤口愈合和免疫细胞的生长。能够引起宿主细胞的防御响应，从而防止微生物感染和抑制肿瘤细胞的生长。

3. 甲壳素类的抗菌活性

国外研究表明，壳聚糖（壳寡糖）对感染的小鼠具有保护作用，能延长其寿命，有明显的对抗感染性能，能增强 SRES（绵羊红血细胞）和肿瘤细胞的延迟型过敏症（DTH）响应，激活巨噬细胞，脾脏 T 淋巴细胞，能释放 MAF（巨噬细胞激活因子）。

国内不少研究报告表明，壳聚糖（壳寡糖）有效地抑制表皮葡萄球菌、金黄色葡萄球菌、大肠艾氏菌、绿脓假单胞菌和白色念株菌，对革兰阳性菌尤为显著。

4. 甲壳素类的抗肿瘤性能

由于寡聚糖（壳寡糖）易溶于水，可与生理盐水、淀粉、滑石粉配伍，制成注射剂（皮下、静脉用）、粉剂和片剂，具有很强的抗菌和免疫促进性能，刺激和增强宿主细胞的免疫响应，从而抑制了肿瘤细胞的增长。把寡聚糖（壳寡糖）与各种磷脂及稳定剂配制成脂质体作静脉注射试验，观察肿瘤抑制率可达 84%。

壳聚糖（壳寡糖）具有很好的抗肿瘤性能，可以激活许多巨噬细胞的功能（如超氧化物及细胞活素的产生），从而影响了其他细胞功能（如淋巴细胞活性，成纤维细胞功能和内皮细胞功能），还能诱导巨噬细胞产生 IL - 1、干扰素及巨噬细胞克隆刺激因子（MSF），分泌出 IL - 2，促进肿瘤杀伤细胞（NK）的分化和繁殖等。

甲壳素及其衍生物由于其特殊的生物活性性能，对人体的生物学功能和保健作用已引起生物医学界的广泛和高度重视，涉及免疫调节、延缓衰老、抗肿瘤、降血脂、调节血糖、调节血压、强化肝脏功能和胃肠功能、调节 pH、增强排毒解毒功能及其他多种功用。对此已在第一章专门阐述。

甲壳素类在医药领域中的开发和应用

甲壳素及其衍生物，由于其独特的优点，在医药方面的研究、应用处于方兴未艾之中。尤其在医用生物材料、医学和药学工业上的应用取得了可喜的成就，并趋向于向高附加值、更深入广泛的领域发展。

（一）医用缝合线

壳聚糖、壳寡糖无毒，在生物体内酶解后可被组织吸收，无生物排斥性，不引起过敏，能制成可吸收的外科手术缝合线。具有很多优点，如机械性能良好，打结不易滑脱，在胆汁、尿、胰液中拉力强度的延续性比羊肠线、聚交酯纤维好，而且无毒性（急性毒性、致热性、诱变性等均为阴性），可减少拆线感染和病人的痛苦，促进伤口的愈合，消炎抗病毒等功能。临床实验效果令人满意。

（二）人工皮肤

壳聚糖、壳寡糖制成的人工皮肤，用于加速伤口愈合对大面积烧伤有保护作用，能促进皮肤再生，已在美国、日本获得批准。日本临床上试用的人工皮肤（甲壳质膜W）是用精制的壳聚糖粉溶解在醋氨溶液中制成10%的溶液，经喷丝拉制、抄纸，制成100～120μm厚的无纺布，灭菌包装而成。这对创面渗出液中血清蛋白有较好的亲和性和吸着性，可以渗透生理盐水，呈透明膜状，比纤维素膜对皮肤细胞的黏着性好，贴于创面上能保持湿润形成表皮后变干燥并可与创面剥离。安全试验如急性毒性、亚急性毒性、内皮反应试验、抗原、移植试验、细胞毒、溶血试验、变态性试验、抗原试验均为阴性，显示高度的安全性。

（三）止血和伤口愈合材料

由于壳聚糖、壳寡糖具有选择性抑制人成纤维细胞生长，促进表皮细胞生长的独特的生物活性，在临床上可预防组织粘连，减少疤痕形成。壳聚糖、壳寡糖制成薄膜、非编织纸或和其他纤维做成无纺布可以用作良好的创伤被复材料，用于烧伤、植皮、切皮部位的创面保护，可以促进愈合，效果比纤维素制成的无纺布、织布好。若在制备中加入抗菌消炎药、伤口愈合剂、血管扩张剂等效果更理想。

壳聚糖、壳寡糖外用撒粉，用于伤口处迅即成膜，止痛、加速肉芽化，促进愈合。还有壳聚糖、壳寡糖乳膏、凝胶、霜剂、外科敷料等。

把壳聚糖、壳寡糖溶于稀乙酸，再与聚乙二醇混合放于玻璃盘中，经氢氧化钠溶液浸渍、水洗、冻干，可制得纯度为98%，吸附强度为$3.2g/mm^2$的多孔海绵，润湿后仍有很好的强度，并能保持形状，加之又具有良好的吸血性能，可作止血剂如凝血酶等，止血效果更好。这种海绵具有柔韧、透气、透湿、吸液、无毒性及不良反应的特点，具有止血、镇痛、护创、促愈合的功效。临床上应用于各种创伤、创面、手术切口不愈合、宫颈糜烂、溃烂、婴儿脐带封扎等。

（四）隐形眼镜和人造泪材料

壳聚糖是一种高分子材料，具透明、透气特性，可以作隐形眼镜的材料。隐形眼镜要求光线透明、安全、湿润、透气。其中透气十分重要，它要求氧气可以从泪液中透至眼表面，二氧化碳可以从眼表面透至泪液。几丁质正丁酸酯可制硬性隐形眼镜，壳聚糖可制成软性隐形眼镜。如果和活性染料反应染色，还可以制成不同颜色的隐形眼镜。

将1.8%~3.4%无菌壳聚糖溶液与0.5%聚氧化乙烯脱水山梨醇－油酸醋配成等渗液，加上氯代丁醇防腐即制成人造泪。这种人造泪可补充自然泪的不足，使用隐性眼镜而眼内感到干燥时，亦可滴加人造泪，使用方法为每天数次，每次2~3滴。壳聚糖（壳寡糖）本身有抑菌作用，还可以起到预防眼睛感染。羧甲基甲壳素溶液，还可用于眼科手术。

（五）医用透析膜和中空纤维及吸附剂

目前临床上应用的透析膜有铜氨纤维膜、聚丙烯腈膜等，都存在着抗凝血性能差，中分子量物质透过性差的缺点。用壳聚糖及N－酰化壳聚糖制成人工透析膜已分别于1983年和1984年申请欧洲专利和日本专利。

用壳聚糖单独或与其他物质结合加工制成的透析膜或具有透析和超滤作用的中空纤维，用于血液的透析，在医药上有良好的应用前景。壳聚糖的硫酸酯与肝素有类似的化学结构，也具有抗凝血作用，因此可单独制成透析膜应用。也可把抗凝血药肝素、水蛭素等固定在壳聚糖上，再制成透析膜，超滤效果更好。用这种材料作血液紊乱病人的体外人工透析，可除去包括免疫疾病、代谢异常、肾炎、肝炎等体循环中的有害物质。

壳聚糖的稀酸溶液在碱溶液中以纤维形式压出，同时纤维内部通氨气或氨与空气的混合气体，形成中空纤维膜。这类膜可通过低分子化合物，但K^+、Na^+、Cl^-等无机离子和血清等有机高分子化合物不易透过，这符合人工肾膜的要求。这种膜比酸纤维素膜易使用、易保存。

（六）人造血管和医用骨质代用品

美国1996年公开了一项世界专利，用壳聚糖制造人造血管，内径<6mm，内壁光滑而不会凝集血球以保持管腔通畅。国内外检

测证实它既无毒，又与组织相容亲合，还抑制人成纤维细胞生长，自然很适合作人工血管。经超显微镜观察，在移植的人造血管内壁有髓神经长入。

国外 Lee 的研究表明，羧酸酐（如醋酸酐、丁酸酐、己酸酐）$N-$酰基化壳聚糖具有很好的血液相容性，其中以 $N-$己酸酐酰基化壳聚糖为最好。发泡聚四氟乙烯常用于人造血管，但内径小于 6mm 血液发生凝结。Haimovich 等采用壳聚糖－聚乙烯醇－非离子清洁剂组成的涂膜改性发泡聚四氟乙烯内壁能明显改善血液的凝结。

目前医用骨质代用品仍十分理想，合成高聚物由于老化使其强度衰退。壳聚糖与羟基磷酸钙（HA，骨质主成分）有很强的交互作用。壳聚糖对磷酸八钙（认为是骨质生长的初始生成物）的结晶增长有明显影响。Pal 用壳聚糖和羟基磷酸钙的混合物作骨质代用品，具有良好的生物相容性和生物机械性能。多孔性的壳聚糖－羟基磷酸钙复合物载入抗生素药物缓慢释放能防止骨髓炎的发生。

（七）药用载体及缓释制剂

目前已知的药物敷料如纤维素衍生物、丙烯酸树脂等已很难满足需要，其作用局限性也日渐突出。寻求新的药物辅料、缓释控释制剂的开发研制特别引人注目。

壳聚糖（壳寡糖）可作为药物的辅料（赋形剂），不但可以像淀粉等直接作缓释剂压制片剂，而且更广泛的用作缓释制剂的辅料，如制成缓释颗粒、薄膜剂、微囊剂、微球剂、埋植剂等。

其实，壳聚糖（壳寡糖）本身也具有许多药理作用，如抗溃疡、抗菌、止血等。缓释制剂则通过各种手段，使药物的释放受到控制，血液浓度平稳保持在有效范围内，延长了有效时间，亦不出现毒性，因此每天只需 1～2 次。从而提高了药物的利用度和疗效，且使用方便。

（八）增加难溶药物生物利用度

难溶药物的生物利用度和溶解速度可以通过和壳聚糖（壳寡糖）一起混合磨细（固相分散）的方法加以改善，因为药物结晶通过和壳聚糖研磨而减小，溶解速度增大，因而能提高生物利用度。壳聚糖（壳寡糖）与难溶药物一起混合粉碎，比单独混合成粉碎的药物溶出速度大为增加。

灰黄霉素和壳聚糖以 1：2 的比例混合，在球磨机中粉碎24h，灰黄霉素的溶出性可提高 2～3 倍。苯妥英纳与壳聚糖混合磨细后，溶出性可提高 7～8 倍，并且血药浓度曲线下面积为 21.88，比未经处理的曲线下面积 7.40 提高了 3 倍，说明利用度也提高了。

此外，氢化泼尼松、氟灭酸、消炎痛等均可获同样效果。

（九）抗癌制剂

壳聚糖（壳寡糖）应用于肿瘤治疗的趋势是利用其与化疗药物结合制成的缓释系统，进行肿瘤的栓塞和局部治疗。其优点是：

（1）可避免静脉直接应用化疗药物的强烈的全身毒性反应。

（2）可选择性的吸附对某种肿瘤敏感的化疗药物。

（3）可使化疗药物在肿瘤的局部形成高浓度的持续释放。

这种壳聚糖（壳寡糖）缓释系统对肝癌、白血病、肺肝移植转移癌以及某些实体瘤的治疗有一定的效果。

$6-O-$ 硫酸羧甲基壳聚糖（壳寡糖）（SCM – CHITOSAN），对肿瘤细胞有明显的抑制作用，作为可预防 BL6 黑色素瘤肺转移的治疗。

适当浓度壳聚糖（壳寡糖）吸附顺氨氯铂制成白蛋白微球，对肝癌的肝动脉栓塞治疗，具有良好的实用价值。

近年来用壳聚糖（壳寡糖）合成新的水溶性抗癌药物氯腺霉素，不但具有抗癌活性，同时具有抑制骨髓毒性较小的特点。对黑色毒瘤、结肠癌、肾癌、肝癌等显示一定疗效。

壳聚糖（壳寡糖）作为许多常用抗癌药物如丝裂霉素 C、氨甲蝶呤、阿霉素、顺铂等的载体，以降低药物治疗及介入治疗的毒副作用。

韩国原子能研究所公开了一项欧洲专利，将壳聚糖（壳寡糖）与同位素组合后制成放射性复合体，经肝动脉注入肿瘤体实施体内放射治疗肝癌、卵巢癌、胃癌、腹腔肿瘤。

由于壳聚糖（壳寡糖）不良反应很小，而且具有抑癌效应，应用前景十分乐观。对肉瘤 180、肺癌 311 型和 MM－16 等癌细胞都有一定的抑制作用。

（十）免疫促进剂

壳聚糖（壳寡糖）具有促进体液免疫和细胞免疫功能，是一种有效的免疫促进剂。

壳聚糖（壳寡糖）作为免疫促进剂，可用于微生物引起的感染、癌症的治疗和预防，提高疫苗的动力等。服用的剂型可以是散剂、胶囊、颗粒剂、片剂。

散剂：将 100g 壳聚糖、乳糖 550g、玉米淀粉 300g、聚乙烯吡咯烯酮 50g。先将前 3 种配料混匀，再加入聚乙烯吡咯烯酮的乙醇溶液，造粒、干燥、过筛后即成。

片剂：壳聚糖（壳寡糖）100g、微晶纤维素 35g、聚乙烯吡咯烯酮 10g、土豆淀粉 33.5g、硬脂酸钙 15g。将壳聚糖（壳寡糖）、微晶纤维素、土豆淀粉混匀后，加入聚乙烯吡咯烯酮的乙醇溶液，制粒在 50℃干燥，过筛，均匀地撒上硬脂酸钙粉，制成直径 8mm、重 180g 的片剂。

除上述应用外，壳聚糖（壳寡糖）还可用作酶固定化载体、免疫吸附剂、抗凝血剂、减肥减脂、防治溃疡、防治骨关节病、嫁接再生神经纤维等。

甲壳素类在工农业领域中的开发和应用

（一）化学工业

1. 环保和污水处理

目前的重点也是最大的用途是处理环境污染，可作为污水处理剂和吸附、捕集重金属、放射性核素的螯合剂。因为壳聚糖（壳寡糖）分子里含有活性基团氨基和羟基，具有与重金属络合的性能，也能吸附悬浊物、有机物、染料等。用作凝聚剂，特别是用于活性污泥的凝聚剂、脱水，用于水的澄清。壳聚糖（壳寡糖）用于工业废水的脱氯酚，效果优于硫酸铝、环乙胺－氯乙醇缩盐（HX）、聚丙烯酰胺（PAM）、聚乙烯基胺（PEI）等凝聚剂；壳聚糖（壳寡糖）也能有效用于造纸污水的脱木质素处理；不同脱乙酰度壳聚糖对于处理污水中的染料、铬离子的效果不同。牛奶废水中含有蛋白质、脂肪，用壳聚糖（壳寡糖）代替羧甲基纤维素（CMC）可在 pH 5.3 的环境下有效处理，可节约 50% 的 pH 调节剂，这样既处理了废水达到排放标准，蛋白质和脂肪的回收物又可用作食品添加剂。

由于壳聚糖（壳寡糖）与合成凝集剂相比，它无毒，又可以被分解，用于食品厂废水的处理，可使浊度和 COD 下降。一般使用 2ppm 的高黏度壳聚糖溶液即能沉降废液中 99% 的重金属离子或悬浮物，并且用它处理过的废水不会造成第二次污染，因为它是无毒、无味的物质。壳聚糖（壳寡糖）和活性炭、离子交换树脂合成可除去或减少自来水中的氯、COD、铁和细菌。商业中用壳聚糖净化饮用水已得到美国环保局的批准，推荐的最高浓度为 10mg/L。

壳聚糖(壳寡糖)和纤维素、活性炭混合处理后制成治理印染工业废水的良好吸附材料。它不但过滤性能好,不漏碳、流速好,其处理活性染料或酸性染料模拟废水的量分别是椰壳粒状活性炭的22倍和111倍,而且对染料的吸附量也分别是其5倍和29倍以上。

利用壳聚糖的螯合性能可作为高性能的重金属离子捕集剂,除去工业污水中的 Hg^{2+}、Cu^{2+}、Ca^{2+}、Pb^{2+}、Co^{2+} 等离子。将壳聚糖用于溶液中 Cu^{2+}、Cr^{2+}、Ni^{2+} 金属离子的脱除和回收,最高回收率达95% ~100%。用 D-半乳糖化学改性的壳聚糖能吸附 Ga、In、Eu、Cu、Ni、Co 等金属离子,壳聚糖的氨基和羟基起了螯合配位体的作用,它对铜离子的吸附性能特别。

核工厂或放射性矿物开采、冶炼、精制中有大量放射性废水,用壳寡糖可以从中捕获放射性元素 ^{60}Co、^{239}Pu 等而起到去污作用。实验证明,在 pH5 ~10 的壳聚糖可吸附核燃料后处理厂废水中80%以上的钚。壳聚糖也可从天然水或海水中捕获铀。实验证明它可以从天然的河、湖水中回收40% ~74%,从海水中回收3%。

2. 膜材料

壳聚糖具有良好的成膜性能。通过选择不同交联剂,经过改性,可获得不同性能的分离膜,可用于化工产品分离、生物产品分离、海水淡化、废水处理及超纯化水制备等,显示其独特的性能。

壳聚糖制的渗透膜用作人工透析肾膜等前已述及。在工业上还可以做超过滤膜、反渗透膜、渗透气化膜、运载膜、催化功能膜、气体渗透膜等。

近来日本已开发出壳聚糖塑料降解膜。生物可降解膜的应用和生产,是解决目前"白色污染"的根本途径。壳聚糖地膜具有生物可降解性、无污染、成本低、强度高等特点,并且具有改良土壤的作用。

3. 酶固定化剂和催化载体

壳聚糖对化合物有良好的吸附和离子交换性能外,同时有良好的机械强度,可制成多孔性颗粒,因此可以直接或经化学结构修饰后作薄层色谱、高效液相色谱和酶固定化的载体，用以分离氨基酸、糖苷、酚、羧酸、糖类、核酸、金属离子、酶、蛋白质、多肽等。

壳聚糖用于 α-糜蛋白酶、乳酸酶、葡萄糖转化酶、碱性磷酸酶等固定，其酶活力能保持 30%～80%，如采用大孔小珠效果更佳。壳聚糖作固定化酶的载体，不影响酶的活性，可重复使用，长期保存。

此外，几丁质酰、丙烯化和卤化处理的衍生物，能制成良好柔韧性和导电性的薄膜或成型纤维，可用作电子元件的涂料或填充剂。还有报告将甲壳质添加于电镀液，是电镀钢材增加防腐蚀而应用于自行车及电子产品中。空调器及电话等也装上甲壳质膜以吸附毒素与电磁波。

（二）食品工业

1. 絮凝剂

采用絮凝剂可使胶体粒子凝集成较大的凝集物易于过滤或离心，从而促进固液分离。一是除去悬浮颗粒、增加透明度、提高液体产品或提高固体产品回收率；二是处理废水、回收蛋白作动物饲料，减少水污染。

壳聚糖是阳离子絮凝剂，蛋白质是两性离子，但在其等电点以上的 pH 中是阴离子，处在酸性范围，故可用壳聚糖凝集。例如生产鱼粉、生产番茄罐头、生产干酪等产品其废液中含有不少蛋白胶体，用壳聚糖粉或溶液凝集分离，会使蛋白质回收率明显提高。同样，蛋、肉、禽类加工厂的废水，用壳聚糖处理也可获得良好的结果，处理后的废水可循环使用，或达到排放标准后排放，回收的固体物质可做饲料。此外，壳聚糖也可代替石膏或盐卤从大豆浆中絮凝大豆制成豆腐。

壳聚糖还能使液体中悬浮颗粒絮凝或吸附沉降，使悬浮物得以澄清。用壳聚糖的正电荷与果汁中含大量负电荷吸附絮凝后，澄清果汁能长期存放，不产生混浊，此法可用于苹果汁、梨汁、菠萝汁、甜柑汁、蔬菜汁等效果更佳，不影响原汁风味，又可降低成本，操作简便。此外，它特别可以使啤酒澄清，还能改善酒的颜色。

2. 食品添加剂

甲壳质类在温和的受控条件下局部水解后粉碎成末，得到的多糖产品称为微晶多糖。它可用作冷冻食品（冷肴、汤汁、点心等）和室温存放食品（蛋黄酱等）的填充剂、增稠剂、稳定剂、脱色剂、香味增补剂等使用。

甲壳质类可以降脂、减少食品热量、减肥、作保健食品填充剂。通常在食品中加入 1% ~ 10%。例如壳聚糖可直接制造低热量面包、蛋糕；和食用脂肪酸制成络合物后做成色拉调味料，鸡面汤料；和羧甲基纤维素、果胶等制成壳聚糖-酸性多糖络盐；和肉类掺合制成高质低热填充食品。如填充牛肉丸、填充午餐肉罐头、填充汉堡牛肉饼等。

微晶甲壳质可在水中制成稳定的凝胶状变成分散体长期放置，因此可作食品增稠剂和稳定剂，性能优于微晶纤维素，已用它作蛋黄酱、花生酱、芝麻酱、玉米糊罐头、含有沙司的灌装食品、奶油代用品、酸性奶油、酸性奶油代用品等。

在果汁中直接加入壳聚糖粉末，作为脱酸剂可对果汁蔬菜汁脱酸。同法处理牛奶可制成不会絮凝的牛奶。壳聚糖可以吸附色素生成人体不能吸收的络合物排出体外。壳聚糖在高温热解时会产生香味物质如吡嗪等，故可作为天然香味增补剂添加入面包、蛋糕等食品用。

壳聚糖及其水解产物有良好的抑菌作用，可以在食品中作防腐剂和食品保鲜剂。例如对米饭、面食、沙丁鱼、牛奶、大白菜、泡菜、酱油、豆腐等熟食和鲜鱼、水果、蔬菜等生鲜食品的储存保鲜。

3. 食品包装膜

壳聚糖可制成食品包装材料如包装膜、香肠衣等，它有抑菌作用，比其他膜保存食品时间更长。而且用壳聚糖和淀粉类混合制成膜，经碱处理后不溶于冷水，也不溶于热水，抗张力强度高，可食用、耐油，还可以包装液体食品。用壳聚糖制成的薄膜，也可作为包装食品用的生物降解纸。

4. 去除杂质

酒类发酵中会产生尿素，与乙醇反应生成尿烷，出现不良味道。日本东洋酿造（株）采用壳聚糖多孔树脂柱吸附除去尿素以保证质量。

醋在贮存中常会发生沉淀，这是因为金属离子和鞣酸类酸性化合物所致。把醋通过壳聚糖柱，或在醋中加入壳聚糖粉搅拌2h再过滤分离，处理后的醋在室温贮存一年或在60℃以上高温贮存也不再会产生沉淀。

5. 功能性甜味剂

甲壳素的低聚糖具有非常爽口的甜味，在保湿性、耐热性等方面优于砂糖，很难被体内消化液所降解，故几乎不产生热量。其低热值特点可避免过分摄食甜食而来的病症，是糖尿病、肥胖病病人理想的功能性甜味剂。据研究，低聚糖还能促进双歧杆菌的增殖，而双歧杆菌在抗肿瘤、抗衰老、抑制多种肠道致病菌方面有显著作用。

（三）化妆品工业

1. 香波、发型固定剂等

甲壳素及其衍生物具有良好的保湿性、成膜性、增黏性、防静电和防尘性等特性，在化妆品工业大量用于制造成香波、发型固定剂、护发素、保湿剂、香脂、指甲油等。其用量根据目的不同而异。如用于增黏或成膜用量为2%～5%；保湿用1%～3%；柔软、防尘用0.1%～2%。

在欧美已有上百种化妆品中含有甲壳素。欧洲有24个国家出售。日本每年用于化妆品的甲壳素达100余吨。

2. 肥皂

固体肥皂加入水不溶性甲壳质和水溶性甲壳质，两者比例为 6:4~2:8,可使皮肤有良好的润湿感。若加入 3% 的 6:4 用甲壳质——羧甲基甲壳质，则有良好的发泡性，水溶性甲壳质比例高，肥皂易溶，消耗快。水不溶性甲壳质比例高，则发泡低，二者在肥皂中的比例以 0.1%~5.5% 为佳。

3. 口腔卫生制品

甲壳素可以预防龋齿和牙周溃烂，除去或减轻口臭，因此可以用在许多口腔制品中。

牙膏或牙粉中加入 5% 壳聚糖的无机酸或有机酸的颗粒，还可以改进研磨性与外观，此外，漱口水、爽口水、口香糖中均可加入甲壳素，其中口香糖用量可达 60%。

（四）轻工业

1. 纺织业

在轻纺工业，中黏度可溶性甲壳质可作为织物上的上浆剂、整理剂，改善织物的洗涤性能，减少皱缩率，增强可染性。甲壳素也是无纺布的主要原料。同样可应用于合成纤维，除有上述相似功能外，还可增强抗电性。

利用甲壳素的抗静电、透气、保暖、抗冻结、机械应力等性能，可制成内衣，不仅舒适耐穿，还防止病菌保健强身。也有用甲壳素棉纤维做成手套、袜子，保暖性佳。

日本还有用甲壳素与活性炭放在鞋子内使之温暖防菌而申报了专利。日本织物加工公司将甲壳素涂与布基内层用作衣料的吸汗和防水透湿材料。由于吸汗性强，可消除衣物的闷热和发黏感。如在甲壳质层加入碳粒子，还可以有保湿性。

2. 造纸业

在造纸工业中，可作为纸面施胶剂，在纸浆中加入可溶性甲壳质，纸浆的吸水性大大下降，并可提高纸张的机械性能、耐水性能、电绝缘性能以及印刷质量，因此用它可制造特种纸、商标纸、货币纸等。

如纸表面用1%可溶性甲壳质处理后，纸张的抗撕强度和耐折性大大增强，但不影响纸张的密度。国内造纸业已用可溶性甲壳质改性淀粉处理纸张，使纸张质量有明显提高。在复印纸表面涂上可溶性甲壳质，纸张的抗静电性增强1万倍以上，大大提高复印质量。卷烟过滤咀复合滤纸材料醋纤维素主要靠进口，现中试成功改用甲壳素复合滤纸吸附纸，代替60%～70%醋纤维素，除焦油率达到了35%，成本降低一半。

3. 印染业

印染工业用作固色剂。因可溶性甲壳质具有增色和固色作用，可作直接染料和硫化染料的固定剂，可提高染料对织物的染色效果，改善色调、提高牢度。棉、毛、合成纤维植物印花染色时，在印染花色之后，再涂上一层薄的固色剂，能使织物上颜色不褪。

现在印花工艺上普遍使用的粘合剂都用它为原料。可溶性甲壳质分子里的氨基能与酸性染料中所带的正电荷氨基团结合在一起，故可改善色调，提高附着牢度。

此外，还可以用作塑料添加剂，具有优良耐水、耐污染、耐折性能，用于家庭、汽车内的装饰，家具、书籍表面保护层，农用薄膜等。还可用作黏合剂，如卷烟、粒状饲料、肥料等黏合剂性能很好。用作健康无害烟，使之成为香烟的黏合剂和有害成分的吸附剂，不仅大大降低了香烟中有害成分对人体的毒害，而且改善了香烟的品味，提高了香烟的档次。还可用作光学材料，例如有色电影胶卷制品表面涂上一层极薄的低黏度透明良好的可溶性甲壳质，能保护胶片色彩，并能延长影片放映次数。

（五）农业

1. 种子处理和植物生长调节剂

壳聚糖（壳寡糖）已广泛用于处理种子，在种子外包裹一层壳聚糖膜，不但可以抑制种子周围霉菌病原体生长，增强植物对疾病的抵抗力，而且还有起植物生长调节剂的作用。用壳聚糖处理过的小麦、豌豆、扁豆种子，产量可增加 10% ~ 30%。

农业应用可改良品种，如中科院华南植物研究所国家自然科学基金资助项目"几丁质酶基因转化培养抗病柑桔新种子"就有所体现。由于甲壳素可活化细胞、抗病菌、抗真菌，种子被复或添加于农作物后可促进生长，防疾病，防虫害，提高产量。又由于甲壳素衍生物中有抗冻结因子，故可用于冬小麦、裸麦等作物，改良其抗冻性能的前景也很乐观。

2. 土壤改良剂

有人用壳聚糖（壳寡糖）水性土壤改良剂加入土中，可以改进土壤的团粒结构，使草莓产量增加 29%。在萝卜种苗中加入壳聚糖胶粒，水分蒸发减慢、幼苗在停止水浇第四天仍存活，而沙土床中幼苗只存活两天。

国外市场上还有由壳聚糖及 Fe、Mn、Zn、Cu、Mo 等微量元素组成的作无土栽培用的液体肥料。也有人报道用 50ml 壳聚糖溶液 5300g 锯木混合，干燥后施于梨树根部以改良土壤。

3. 病虫害防除剂及肥料、杀虫、除草剂的控释

低分子量壳聚糖（分子量≤3000）可以有效的控制梨黑斑病、苜蓿草叶病毒损害。甲壳质类还可用于控制释放的肥料、除草剂、杀虫剂。由于它无毒，又不溶于水，不会造成地下水污染、也无农药残留弊病。

日本开发的 IKI - 7899 对多种棉铃虫有良好的防治作用。中国制造的灭幼脲 1 号对粘虫、松毛虫、棉铃虫等有较高的毒力，昆虫生长调节剂 1055 对粘虫、棉铃虫等均有较强的毒力。

4. 畜牧渔业等动物饲料添加剂

畜牧业用于粗饲料添加物，目的是改善品种与抗病高产。波兰农科院在 2 个农场共 290 头母猪和 2223 头猪崽中试验，表明可预防疾病，增速生长。

甲壳素的衍生物与双歧因子相似，对双歧杆菌的生长有刺激作用。因此甲壳素作鸡饲料的添加剂，可以预防鸡拉稀。

5. 水果保鲜

美国和加拿大用壳聚糖制成了水果保鲜剂，把它喷洒于水果上形成一层半透明涂层，使水果在一个小环境中限制一定量的氧气通过，从而延长水果休眠期，保持水果新鲜，保险期可达9个月。若冷藏，贮存期可延长2倍，该法成本低，也不需要复杂的设备和密闭工艺。

最后，还要特别介绍的是，大连中科格莱克生物科技有限公司，拥有国际一流的技术水平和一整套自主知识产权的专利化生产技术制备壳寡糖，生产医药用品、保健食品、生物农药、饲料添加剂等产品，各种糖生物工程产品，天然产物及其化学修饰产品等，产品远销欧美和东南亚的国家和地区。其中，系列寡糖生物农药的研制属国家"九五"、"863"攻关项目，中国科学院"九五"重点项目和农业部"948"项目，是在中国科学院大连化学物理研究所多年研究基础上，研制开发的用于防治粮食作物、经济作物的系列寡糖生物农药产品。

壳寡糖生物农药能有效的控制大豆花叶病（防效71%）、棉花黄萎病（防效80%）、辣椒病病毒（防效83%）、木瓜病毒病（防效85%）、苹果花叶病（防效85%）、烟草花叶病（防效72%）、番茄晚疫病（防效75%）、黄瓜霜霉病（防效70%）等农作物及经济作物病害。同时可调节植物生长，明显提高10%～30%。

第三章

健康新理念

健康的定义和标准

中外古今，关于健康的谚语、格言、警句、名言以及时尚用语、流行用语等很多很多。尤其是健康新理念更发人深省，启人深思。诸如："没有健康就没有一切"、"追求健康就是追求文明"、"世界各国最关注的问题是健康"、"人人享受卫生保健是全球永恒的主题"、"健康长寿不是梦，健康快乐一百年"、"健康钥匙在自己手中，健康之路在自己脚下"等等。

从历史的角度纵向比较，有关健康的概念总是随着社会的发展而不断变化、不断完善的；从现实的角度横向比较，对于健康的定义，不同的人群、不同的学科，也有不同的认识，如表3-1：

表3-1　不同学科的健康定义

学科观点	健康定义
流行病学观点	宿主对环境中致病因素具有抵抗力的状态
生物医学观点	身体在结构、功能上的良好状态
生态学观点	人和生态间适应协调关系的产物
社会学观点	个人身体和（或）行为状态符合社会规范
生物－心理－社会医学观点	躯体结构和功能正常，良好的心理和社会适应状态
经济学观点	一种可以通过购买健康服务而获得商品

世界卫生组织（WHO）1948年成立之初，在《宪章》中对健康的定义作了界定："健康乃是一种在身体上、心理上和社会适应方面的完好状态，而不仅仅是没有疾病和虚弱"。1978年世界初级卫生保健大会发表《阿拉木图宣言》中重申"健康不仅是疾病与体弱的匿迹，而且是身心健康、社会幸福的完美状态"。并指出：

"健康是基本人权，达到尽可能的健康水平，是世界范围的一项最为重要的社会目标"。1990年WHO在宣言中把健康定义为：躯体健康、心理健康、社会适应良好和道德健康四大层次。

应该说，WHO对健康概念的描述是广义的、科学的、理想化的，把人作为结构与功能协同、躯体与精神适应、生物－心理－社会和谐、自然人与社会人统一的整体。全面健康必须以生理健康为基础，心理健康为条件，环境健康作保障。WHO还强调，人体健康的一半是心理健康，广义的说，是指一种高效而满意的、持续的心理状态，也就是人的心理活动和社会适应的良好状态，是人的认知、情感、意志、行为和人格的完整协调、与社会保持同步的过程。据医学资料统计，人类疾病70%以上都与心理因素和精神状态有关，全世界约有10%的人有不同程度的心理障碍。

（一）WHO确定健康的10项标准

（1）有充沛精力，能从容不迫的担负日常繁重的工作。

（2）处事乐观，态度积极，乐于承担责任，事无巨细，不挑剔。

（3）善于休息，睡眠良好。

（4）应变能力强，能适应环境的各种变化。

（5）能抵抗一般性感冒和传染病。

（6）体重适中，体态匀称，站立时头、肩、臀位置协调。

（7）眼睛明亮，反应敏捷，眼和睑不发炎。

（8）牙齿清洁，无龋齿、不疼痛，牙龈颜色正常，无出血现象。

（9）头发有光泽，无头屑。

（10）肌肉丰满，皮肤有弹性。

总体看来，前4条反映的是心理和社会适应的良好状态，后6条反映的是躯体的良好状态。

（二）中国老年人10条健康标准

中华医学会、中华老年医学会根据中国国情，提出了中国老年人10条健康标准。

（1）躯干无明显畸形，无明显驼背等不良体形，骨关节活动基本正常。

（2）无偏瘫、老年性痴呆及其他神经系统疾病，神经系统检查基本正常。

（3）心脏基本正常，无高血压、冠心病及其他器质性心脏病。

（4）无慢性肺部疾病，无明显肺功能不全。

（5）无肝肾疾病、内分泌疾病、恶性肿瘤及影响生活功能的严重器质性疾病。

（6）有一定视听能力。

（7）无精神障碍、性格健全、性情稳定。

（8）能恰当的对待家庭和社会人际关系。

（9）能适应环境，具有一定的交往能力。

（10）具有一定的学习记忆能力。

（三）健康家庭5条标准

有学者从医学社会学角度，提出了健康家庭的5条标准是：

（1）家庭基础的重要性，以男女平等、作风民主和积极向上为基础。

（2）家庭结构的完整性。

（3）家庭分工的合理性和择优性。

（4）家庭关系的和谐性，即家庭成员之间的理解、支持、协调和关怀。

（5）家庭健康良好，即没有遗传性疾病和精神疾病等。

老龄化和平均寿命及健康寿命

老龄化或老年化是一种社会现象，一般是指 65 岁以上的高龄人口占总人口比率高达 7%～8% 时，即被认为进入了老龄化社会，中国 20 世纪末，老龄人口占总人口的 10.4%，已进入"老龄化"国家行列。老龄社会的到来，是社会精神文明和物质文明发展的必然结果，它将给社会、经济、文化、医疗卫生等带来一系列的影响，而承担这项责任的应该包括个人、家庭、社会和国家。中国 60 岁以上老年人达 1.4 亿，占用 69% 医疗资源。

鉴于全球人口老龄化发展的趋势，1987 年 WHO 在世界卫生大会上，首先提出了"健康老龄化"的概念，其后提出把健康老龄化作为一个战略目标。在 1993 年国际老年学大会上，又将"科学为健康老龄化服务"定为主题。因此，健康老龄化是解决问题的根本所在。健康老龄化包括 3 个层面，即老年人个体健康、老年群体的整体健康和社会人文环境健康。

健康老龄化的着眼点是老年群体的健康，其基础是个体的健康长寿。健康的老年群体所追求的目标，是老年人群体的大多数健康长寿，即健康者的比例越来越高，具体表现为健康预期寿命（简称健康寿命）的延长，它反映的是健康的长寿，不是带病的生存，不是老上加老，而是以健康求长寿。

平均预期寿命（简称平均寿命）所反映的是平均的存活年数，并不能表达存活的质量。中国 1949 年以前的平均寿命为 35 岁，1988 年为 70 岁，2006 年达 71.8 岁（现接近 73 岁），但健康寿命为 62.3 岁，居世界第 81 位，而日本居世界首位为 74.5 岁（日本平均寿命为 81 岁），中国香港地区占世界第二位。由于剔除残疾、残障的人数，健康寿命会低于平均寿命。资料表明，发达国家的平均寿命为 70～74 岁，而健康寿命为 60～67 岁。

人的自然寿命及长寿老人和长寿地区

　　健康长寿这一亘古的命题，中国传统文化早有文史记载。殷代甲骨文和殷商钟鼎文化，就有"老"、"寿"字的形象。《说文》曰："寿，久也。"《周礼》和《左传》均曰："百二十岁为上寿，百岁为中寿，八十为下寿"。《黄帝内经》将人的自然寿命称之为"天年"。《素问·上古天真论》曰："上古之人，其知道者法于阴阳，和于术数，食欲有节，起居有常，不妄作劳，故能形与神俱，而尽终其天年，度百岁而去"，这里不仅说出了可以自然活到的岁数，也道出了长寿养生之道。

　　近代学者认为，人的寿命当在 100～120 岁。古人云与现代科学按不同的方法算出的最高寿命基本上是一致的，例如：

（一）生长期推算法（德国巴丰，日本蒲丰氏为其代表）

　　哺乳动物寿命是生长期的 5～7 倍，人的生长期为 20～25 年，寿命应为 100～175 岁。

（二）细胞分裂周期推算法（美国海弗里克为其代表）

　　人的最高寿限是细胞平均分裂次数（50 次）和平均每次分裂周期（2.4 年）相乘的积，即 120 岁。

（三）性成熟期推算法

　　一般认为哺乳动物自然寿命大约是性成熟期的 8～10 倍，人的性成熟期为 15 岁左右，人的寿命为 120～150 岁。

　　综上，人活到 100～120 岁是可能的，并非无稽之谈。

古今中外所记载的长寿老人不乏其人。如《中国名人大词典》中记载：昭慧，男，公元 526 年生，816 年卒，年终 290 岁。《历代名人生卒年表》所录 561 名高僧中：百岁以上 6 人，90 岁以上 34 人，80 岁以上 150 人，70 岁以上 351 人。而诗云：人生七十古来稀。现代人新疆英吉沙县一家 5 口人，同登百岁大寿：吐地沙拉伊于 1984 年为 136 岁，其母 110 岁，其兄 135 岁去世，大弟 103 岁，二弟 101 岁。

日本有个叫满平的老寿星 242 岁，一家都长寿：妻子 221 岁，儿子 196 岁，儿媳 193 岁，孙子 151 岁，孙媳 138 岁，也是长寿之家。

英国的弗母·卡恩高寿 207 岁，经历了 12 王朝。托马斯·帕尔活了 152 岁，他的头像至今仍为西方名酒威士忌的商标。

匈牙利的罗文活了 173 岁，其妻活了 164 岁。

前苏联阿塞拜疆穆罕默德·埃瓦佐夫 148 岁的照片，被视为前苏联高寿人的象征而制成邮票。

南美洲的玛卡兰姝，享年 203 岁。被誉为世界女子长寿冠军。

据中国 1953 年第一次人口普查，百岁老人有 3384 人，最高寿命 155 岁；1964 年第二次人口普查时，百岁老人有 4900 人；1982 年第三次人口普查时，百岁老人有 3851 人；1987 年中国百岁以上老人的总数为 3963 人，占全国人口总数的 3.8/100 万。其中，百岁最多省区是新疆。

联合国提出，长寿地区的标准是每百万人口中要有 75 位以上的老人。根据人口平均寿命、百岁以上人口比例数和老年人口比例（又称老年人口系数）3 项指标统计的结果，目前全世界有 5 个地区，被国际自然医学会认定为长寿之乡，即：

△中国广西巴马地区；

△中国新疆和田地区；

△巴基斯坦罕萨地区；

△格鲁吉亚外高加索地区；

△厄瓜多尔比尔卡班巴地区。

另外，中国海南的三亚市也是中国国内的长寿地区。

科学家们对这些地区的自然环境、人们的生活习惯和心理素质、遗传因素等进行了大量的调查，虽然各有其独具的优势，尤其是地理条件，但也发现了有助于健康长寿的共同之处：

△适当的体力劳动和体育运动；

△良好的饮食习惯；

△有规律的生活；

△健康的心理状态。

亚健康和现代"文明病"

（一）亚健康

　　所谓亚健康状态是指介于健康（第一状态）和疾病（第二状态）之间的状态，又称人体第三状态。据统计中国亚健康人群高达50%～70%，衰老、慢性疲劳综合征、经前期综合征、更年期综合征等均是常见的亚健康状态。它具有动态性和两重性，或回归健康或转向疾病。更需要与疾病的无症状现象（疾病的亚临床状态或称亚临床疾病）相鉴别。后者本质上为疾病，虽临床上没有疾病的症状和体征，但存在病理改变及其临床检测的证据，如"无症状性（隐匿性）缺血性心脏病"、"隐匿性肝炎"等。从某种意义上说，人体亚健康状态可能是疾病无症状现象的更早期形式。

（二）现代"文明病"

　　所谓现代文明病，简称"现代病"，又称"富贵病"、"生活方式病"。目前造成人类死亡的主要原因是由不健康的生活方式所导致的疾病。在发达国家，70%～80%的人死于心脏病、脑卒中、高血压或恶性肿瘤、糖尿病、肥胖病等。这些病均与生活方式有关。不健康的生活方式主要是吃得过于油腻、咸、甜以及饮用烈性酒、酗酒、吸烟、吸毒、长期过夜生活、赌博、纵欲、缺少运动、生活无规律等。现代病还包括青少年易得的电子游戏症、电视肥胖症、耳塞机综合征、近视、身心失调症等。近二十几年来，现代"文明病"愈演愈烈，国际学术界把它归结为4个方面的原因：①环境的严重污染；②农药、化肥及杀虫剂的大量使用、滥用；③现代的生活节奏和工作压力使人的精神负担过重；④不良的饮食结构和饮食习惯。使人体内赖以平衡的重要物质纤维素严重缺乏，进而导致人体内生物活性和免疫力下降，杀菌排毒功能低下，体内垃圾堆积，身体疲劳乏力等，许多疾病油然而生。

（三）健康十大危机

WHO 指出，每年全球 5600 万死亡人口中，高达 40%（2240万人）是被"健康十大危机"夺去生命，这十大危机是指：

（1）体重过轻（贫穷国家每年有超过 200 万人死亡）。

（2）不安全的性行为（每年超过 300 万人死亡）。

（3）高血压（每年 710 万人死亡，中风、心脏病都与之有关）。

（4）吸食烟草制品（每年 500 万人因吸烟致病死亡）。

（5）酒精（每年 180 万人死亡，癌症、肝病、车祸、谋杀与之有关）。

（6）不洁饮水及恶劣生活卫生情况（每年有 170 万死亡）。

（7）胆固醇过高（导致 440 万人死亡，并引致 18% 心血管病）。

（8）室内烟雾（引致 35.7% 呼吸道感染，22% 肺病，1.5% 癌症）。

（9）铁质不足（尤其是缺铁性贫血，每年 80 万人死亡）。

（10）体重过重（10 亿成年人体重过重，每年 50 万人过度肥胖致死）。

（四）健康杀手

国内外资料统计表明，心血管病（尤其是高血压、动脉粥样硬化性心脏病）、脑血管病（尤其是脑卒中）、肿瘤（尤其是癌症）、糖尿病、肥胖病、慢性阻塞性肺病等的患病率高、致死率高、致残率高这"三高"对各国国计民生的潜在的影响已成为不可忽视的全球性问题。

在中国，高血压和高血脂患者各有 1.6 亿（占总人口 10% 还多），脑血管病患病率仅次于日本，癌症患者每年 160 万人，糖尿病患者 4400 万人。其中，心血管病死亡率占世界第一位，脑血管病死亡率为世界第二位，癌症 20 世纪 90 年代以来在中国已上升为第一位死因。脑卒中、心脏病、肿瘤、慢性阻塞性肺病造成的死亡已经占死亡总数的 82.7%。平均每天死于心脑血管疾病的总人数是 7123 人，平均每小时将近 300 人。可说是中老年人的健康杀手。

五

养 生 和 自 我 保 健

养生，是中医学特有的概念，是以推迟衰老、延年益寿为目的，以自我调摄为主要手段的一系列综合性保健措施。也称"防老抗衰术"。中医养生包括养生之道和寿亲养老两部分：偏于养生的，又称养性、摄生、道生、卫生、保生；偏于寿亲养老的，又称寿老、寿亲、寿世、养老，即今称之老年保健。狭义而言，养生是专指养生之道，即从精神、形体、饮食、环境等方面进行调摄，以保神、形健康，延缓衰老，增加寿命。

自我保健，是人类新的医学保健概念的重要组成部分。WHO按照医学的发展历程，把医学的发展依次排列为：临床医学、预防医学、康复医学、保健医学、自我保健医学。

所谓自我保健，是指自己（健康老年人或患有某些慢性疾病的老年病人）利用所掌握的医学知识和保健养生手段，在不住医院，不求医生、护士的情况下，依靠自己和家庭的力量进行自我观察、诊断、治疗、护理和预防；逐步养成良好的卫生习惯，建立一套适合自己的养生方法，达到健身祛病、预防疾病、推迟衰老和延年益寿的目的。自我保健的核心是预防为主，关键是要掌握一些医学保健知识和手段。

现代研究表明，繁荣祥和的社会环境、发达的医学成就和重视自我保健，是实现健康长寿的 3 个基本条件。WHO 指出："人的健康长寿，遗传因素占 15%，社会因素占 10%，医疗条件占 8%，气候条件占 7%，而 60% 取决于自己"。可见，做好养生和自我保健该多么重要。

国外对中国的传统养生之道非常重视，把它列为卫生与体育的边缘学科加以发掘。不少国外专家预言：21世纪是一个健康的世纪。这是继20世纪50年代开展的卫生革命之后的第二次卫生革命。

大凡坚持养生和自我保健者，不仅个人健康长寿，对社会也会有更大的贡献。古今中外，范例颇多：

唐代医药家、养生家孙思邈在百岁之年，仍童颜鹤发，不亚仙家，还完成了第二部巨著《千金翼方》，他的长寿秘诀就是拳、操、气功之类；东汉名医华佗创立了益寿延年的"五禽戏"养生操，年逾七旬，犹有壮容。弟子吴普大力推行"五禽戏"，近90岁仍耳聪目明，牙齿完整，未有衰容；梁朝名医陶弘景编制了八节养生操，日习月练，年过80容颜抖擞，体力壮健。后人根据他著的《养性延命录》，脱胎而成"八段锦"养生保健操；唐太宗李世民治理国家，要求武将闻鸡起舞，文臣也要披曙色开怀习拳；宋代不知为何普遍推行"坐功"，以静养生；到明代又兴起了"太极拳"，依然主张以运动养生。

历史上为武将者，如不战死沙场，都是登上寿，或到80岁、90岁依然抖擞，为一般人所不见。现代人也是如此，我国有许多年逾古稀甚至年过百岁的老人，仍能沿路拾柴沃田，助力耕耘除草，迎黎明而健走，寻芳林而习拳舞剑，神采奕奕、目光炯炯、皮肤光泽、满头密发。共和国的开国元勋和将帅们，南征北战，通过戎马生涯的锻炼，尤多长寿。又如著名画家齐白石老人，94岁高龄还能作画，大画家刘海粟95岁时"十上黄山"作画……

国外也是如此。印度著名诗人泰戈尔，长期步行锻炼，活到84岁高龄；前苏联生理学家巴甫洛夫享年86岁，晚年还开了一个劳动的园圃；古希腊著名剧作家索夫科勒斯100岁，写成著名悲剧《俄狄浦斯王》；意大利著名画家、雕刻家、建筑大师米开朗琪罗88岁时设计了圣玛丽大教堂；美国大发明家爱迪生81岁时取得了他的第1033项发明专利；美国学者乔治·惠普尔98岁时获诺贝尔生理学及医学奖等等。

显而易见，高龄者仍能为人类创造出巨大的财富；可想而知，那些英年早逝的精英、栋梁之才生前如能重视养生保健实践，科学的生活、工作和学习，尽享天年，他们将为人类创造出更多的精神财富和物质财富。

维系健康的六大要点

第一，关注健康要从中年开始，老年人要从现在做起。

第二，要牢记 WHO 的箴言：千万不要死于无知。无知是健康的杀手，无备是生命的隐患。

第三，要按 WHO "维多利亚宣言" 去做：合理膳食、适量运动、戒烟限酒、心理平衡。

第四，要了解养生、保健的科学知识，要掌握正确的自我保健措施和方法。

第五，要注重健康教育、健康自助、健康投资、科学选择保健品。

第六，要坚持预防胜于治疗，保健胜于就医。

附录

一 壳聚糖、壳寡糖等与几种金属盐相作用的实验

中国药科大学生命科学与技术学院 李继珩

1. 试剂

壳寡糖（oligoglucosamice，OGS）、壳聚糖（chitosan，CTS）、羧甲基壳聚糖（carboxylmethylchitosan，CMCTS）、羧甲基纤维素（carboxylmethylcellulose，CMC）、醋酸铅 [Pb（Ac）$_2$]、硝酸银（AgNO$_3$）、硫酸铜（CuSO$_4$）、硫酸铈 [Ce（SO$_4$）$_2$]、氯化钙（CaCl$_2$）、三氯化铬（CrCl$_3$）及醋酸锌 [Zn（Ac）$_2$]。

2. 试剂配制

OGS、CMCTS 及 CMC 均配制 1% 水溶液，CTS 配成 1% 的水悬浮液。

Pb（Ac）$_2$、AgNO$_3$、CuSO$_4$、Ce（SO$_4$）$_2$、CaCl$_2$、CrCl$_3$ 及 Zn（Ac）$_2$ 均配成 2% 水溶液。

3. 实验操作

取 10ml 1% OGS、CMC、CMCTS 溶液和含 0.1g CTS 粉末的 10ml 水悬浮液各 7 支试管，每种物质的 7 支试管中分别加入 1ml 2% Pb（Ac）$_2$、AgNO$_3$、CuSO$_4$、Ce（SO$_4$）$_2$、CaCl$_2$、CrCl$_3$ 及 Zn（Ac）$_2$ 溶液，混匀后，室温放置 10~20min，其中 OGS 各管均于 50℃ 保温 30min，各管反应现象如附表 1-1。

附表 1-1 CMCTS、CTS、OGS 及 CMC 与几种无机盐的反结果

金属盐溶液(2%)	CMCTS	CTS	OGS	CMC
Pb(Ac)$_2$	纤维状白色↓	上层浑浊	白色↓	白色絮状↓
AgNO$_3$	紫至褐色↓	褐色↓	褐红色↓	浅褐色↓
Ce(SO$_4$)$_2$	絮状微黄色↓	微黄色↓	淡黄色↓	絮状微黄色↓
CuSO$_4$	蓝色颗粒状↓	天蓝色↓	蓝色↓	蓝色絮状↓

金属盐溶液(2%)	CMCTS	CTS	OGS	CMC
$CrCl_3$	淡紫色凝胶	无变化	灰绿色浑浊	浅紫色凝胶
$CaCl_2$	纤维状白色↓	无变化	无变化	无变化
$Zn(Ac)_2$	纤维状白色↓	上清乳状	微黄色↓	无变化

4. 重金属与机体代谢物和疾病

附表1-2 主要金属与机体代谢有毒物质与疾病关系

	疾病类型
重金属	
铅	神经毒、致癌、畸形
铬	致癌、气管与支气管肺炎、气喘、肾病
汞	知觉障碍、肝肾障碍
铍	疼痛病
镉	肉芽瘤
锰	亢进症
锌	锌热
镍	肺癌和肉瘤
锌	锌热
硒	跟跄病
钒	肺类、胆固代谢异常
铊	多发性神经类
锑	心脏障碍
砒霜	异常角化、色素沉淀
有毒机体代谢物	
尿酸	痛风
酚类、吲哚	癌症
硫化氢	呼吸毒

由附表 1-2 可以看出重金属、有毒机体代谢物都可以起人体多种疾病，对人体健康危害极大，壳聚糖及壳寡糖可吸附重金属、放射性元素、卤素、酚类、尿酸及胆汁分泌的焦油样物质、色素等有毒有害物质排出体外。由附表 1-1 实验可知壳寡糖及壳聚糖与醋酸铅、硝酸银及硫酸等产生难溶于水的沉淀，而壳聚糖等都是消化道酶类难以降解的天然多糖，它们吸附了重金属及有毒代谢物，可随粪便排出接触有毒物质对人体造成的危害，因之壳聚糖、壳寡糖可称之为人体环保剂。

另外，CTS、OGS 及 CMC 等与 $CaCl_2$ 溶液无明显反应，故它们对体内钙的吸收没有影响。同时表明 CTS 和 OGS 与也无明显反应，可能对肠道吸收 Cr^{3+} 也无明显影响。因此，对机体的健康有良好的作用。

二 常见医学检验正常参考值简表和处方常用拉丁文缩写 *

附表2-1 常见医学检验正常参考值

项目名称	英文缩写	正常参考值	临床意义
■血常规检查			
白细胞总数	WBC	$(4\sim10)\times10^9/L$	升高常见于急性细菌感染、白血病等
		$(4000\sim10000/mm^3)$	减少常见于病毒感染、再生障碍性贫血等
白细胞分类计数	DC		
中性粒细胞	N	$0.5\sim0.7(50\%\sim70\%)$	增多常见于急性细菌感染、白血病等；减少常见于病毒感染、放射病等
嗜酸性粒细胞	E	$0.005\sim0.05(0.5\%\sim5\%)$	增多常见于过敏性疾病和寄生虫感染等
嗜碱性粒细胞	B	$0\sim0.0075(0\sim0.75\%)$	
淋巴细胞	L	$0.20\sim0.40(20\%\sim40\%)$	增多常见于病毒感染、白血病等
单核细胞	M	$0.01\sim0.08(1\%\sim8\%)$	增多常见于白血病、急性感染恢复期
血红蛋白	Hb	男 $120\sim160g/L$ 女 $110\sim150g/L$	减少常见于贫血、白血病、大出血等 增多常见于高原缺氧
红细胞数	RBC	男 $(4.0\sim5.5)\times10^{12}/L$ 女 $(3.5\sim5.0)\times10^{12}/L$	一般情况下与血红蛋白相平行
网织红细胞	Ret	$0.5\%\sim1.5\%$	增加常见于贫血；减少常见于再生障碍性贫血
血小板	PLT	$(100\sim300)\times10^9/L$	减少常见于再生障碍性贫血、白血病、血小板减少性紫癜等

注：*附录二摘自《老同志之友》邮发代号：8-5

项目名称	英文缩写	正常参考值	临床意义
■血流变学检查			
全血粘度	BV	高切:男 4.60 ± 0.60 女 4.00 ± 0.70	血液在血管内流动快,黏度就低;流动慢,黏度就高。离体血液黏度用切变率来表示:高切——高黏度计在高速运转(200 转/s)时所测得的瞬间血液
		中切:男 5.20 ± 0.80 女 4.60 ± 0.80	中切——在中速运转(45 转/s)时所测得的瞬间血黏度;
		低切:男 9.50 ± 1.50 女 8.50 ± 1.50	低切——在低速运转(1 转/s)是所测得瞬间血黏度。
红细胞沉降率(血沉)	ESR	男 $0 \sim 15$mm/h 女 $0 \sim 20$mm/h	加快常见于活动性结核、风湿热活动期等
■血脂检查			
甘油三酯	TG	$0.56 \sim 1.7$mmol/L	增高常见于肥胖、脂肪肝、糖尿病酗酒等
总胆固醇	TCL	$3.1 \sim 5.7$mmol/L	增高常见于动脉硬化、冠心病等
高密度脂蛋白胆固醇	HDL – C	$0.8 \sim 1.6$mmol/L	是动脉硬化保护性因素,又称好胆固醇
低密度脂蛋白胆固醇	LDL – C	$1.50 \sim 3.36$mmol/L	是动脉硬化主要危险因素,又称坏胆固醇,其下降可以改善冠心病症状
■糖尿病检查			
血葡萄糖(血糖)	GLU	空腹 $3.9 \sim 6.2$mmol/L	升高可提示糖尿病
糖化血红蛋白	HbA_2c	占 $Hb(7.0 \pm 0.9)$%	是早期诊断糖尿病合并症,评价糖尿病控制程度的金标准
血酮体	Kb	阴性	阳性提示糖尿病酮症酸中毒

项目名称	英文缩写	正常参考值	临床意义
尿酮体	KET	阴性	阳性提示糖尿病酮症酸中毒
尿糖定性	GLU	阴性	阳性提示糖尿病或一次摄糖过多
■乙肝五项检查			
①乙肝表面抗原	HBsAg	阴性	此5项中①②③三项阳性为大三阳;①④⑤三项阳性为小三阳。乙肝五项,也称为乙肝两对半
②乙肝表面抗体	HBsAb	阴性	
③乙肝e抗原	HBeAg	阴性	
④乙肝e抗体	HBsAb	阴性	
⑤乙肝核心抗体	HBeAg	阴性	
丙氨酸氨基转移酶	ALT	$0 \sim 40U/L$	肝炎、心肌梗死时可增高
天冬氨酸氨基转移酶	AST	$1 \sim 40U/L$	
■甲状腺检查			
三碘甲状腺原氨酸	T3	$1.2 \sim 3.4mmol/L$	甲亢时此两项升高,甲减时降低
甲状腺素	T4	$54 \sim 174mmol/L$	
促甲状腺素	TSH	$0.35 \sim 4.94mmol/L$	甲亢时降低,甲减时升高
■肾功能检查			
血清尿素	Urea	$3.10 \sim 7.10mmol/L$	增高常见于急慢性肾炎、肾功能衰竭等
血清肌酐	Cr	$44.0 \sim 124.0mmol/L$	增高常见于肾功能衰竭
血清尿酸	UA	男 $149.0 \sim 416.0\mu mol/L$ 女 $89.0 \sim 357.0\mu mol/L$	增高常见于痛风和肾功能衰竭等
■其他			
尿显微镜检查	OS	白细胞 $0 \sim 5/HP$	增高(脓尿)常见于尿路感染
		红细胞 偶见	增高常见于急性膀胱炎、肾结核或急慢性肾炎、结石、肿瘤等
尿蛋白定性	PRO	阴性	阳性提示各种肾病
粪潜血试验	OB	阴性	阳性提示有消化道出血
幽门螺杆菌	HP	阴性	阳性提示有胃炎或溃疡病

项目名称	英文缩写	正常参考值	临床意义
结核菌素试验	OT 或 PPD	阴性	阳性提示结核感染或接种卡介苗
艾滋病检验	HIV	阴性	阳性提示艾滋病可能,尚需做确定实验
标准体重(kg)		身高 - 105	
体重指数	BMI	体重(kg)/身高(m)^2	23 为正常;23 ~ 25 为超重;>25 为肥胖

注:临床检验正常值常随实验条件和方法不同而有所变化,判断时需结合当地医院出示的正常值标准。

附表 2 - 2　其他临床常用缩写符号

项目	临床意义
HP	除代表幽门螺杆菌外,也代表高倍镜视野
Neg	阴性
Nor	正常
Ca	癌,是英文 cancer 或 carcinoma 的字头,常用于病历书写,以保护病人
mmol/L	毫摩尔/升
BP 血压	理想血压　120/80mmHg(毫米汞柱)
	正常血压　130/85mmHg
	Ⅰ级高血压　(轻度)140 ~ 159/90 ~ 99mmHg
	Ⅱ级高血压　(中度)160 ~ 179/100 ~ 109mmHg
	Ⅲ级高血压　(重度) >180/110mmHg
	血压单位新旧制换算 mmHg × 0.133 = kPa

附表 2-3 处方常用拉丁文缩写

拉丁文缩写	中文意义	拉丁文缩写	中文意义	拉丁文缩写	中文意义
a. c.	饭前	q. 4. h	每 4 小时 1 次	Neb.	喷雾剂
p. c.	饭后	Rp.	请取	Grarg.	含漱剂
i. c.	食间	s. s.	一半	Gtt.	滴眼剂
a. m.	上午	q. s.	适量	Ocul.	眼膏
p. m.	下午	Co.	复方的	Liq.	溶液剂
p. o.	口服	Inj.	注射剂	Crem.	乳膏剂
s. o. s	需要时	i. h. (H)	皮下注射	Ung.	软膏剂
p. r. n	必要时	i. m. (M)	肌内注射	Past.	糊剂
st.	立即	i. v. (V)	静脉注射	ol	油剂
Cit.	急速	Iv gtt	静脉滴注	Enem.	灌肠剂
Sig.	用法 指示	Inhal.	吸入	Supp.	栓剂
p. d.	一次服用	Tab.	片剂	No.	数目
q. n.	每晚	Pil.	丸剂	μg	微克
h. s.	睡前	Caps.	胶囊剂	mg	毫克
q. n.	每小时	Pulv.	散剂	g	克
q. d.	每日 1 次	Amp.	安瓿剂	kg	千克
q. o. d.	每日 1 次	Mist.	合剂	ml	毫升
B. i. d.	每日 2 次	Emul.	乳剂	L	升
T. i. d.	每日 3 次	Syr.	糖浆剂	h(hor.)	小时
Q. i. d.	每日 4 次	Tr.	酊剂	S	秒

三 健康箴言录和长寿养生歌

钱有用尽之时，物有告罄之日，而一句金玉良言可使人得益匪浅。

健康箴言录，无论是名言警句，还是谚语格言、时尚用语，"他山之石，可以攻玉"，读一读这些围绕生命和健康、闪烁奇光异彩的箴诫，是大有裨益的。

长寿养生歌，如同诗词歌赋，是人类长寿养生方面的智慧花朵，可说是妙语连珠，绘声绘色，便于咀嚼，利于消化，读之自然流畅，美不胜收。

所有这些名言妙语，贴近生活，富含内蕴，言简意赅，朗朗上口，最精辟、最浓缩、最深刻地概括了对生命对健康的体验、感悟和劝诫，为读者提供一个学习、借鉴、参考的平台。

健康箴言录

名言警句

人固有一死，死有重于泰山，有轻于鸿毛。

——《汉书·司马迁》

一要生存，二要温饱，三要发展。

——鲁迅

活着不能与草木同腐，不能醉生梦死，枉度人生。

—— 方志敏

自己活着，就是为了使别人过得更美好。

—— 雷锋

生命是属于革命的，为了革命，不应爱惜生命。但为了革命，又必须要生命的健康和存在。

—— 谢觉哉

对人类来说，最可宝贵的就是生存，而生存恰恰在于运动和行为。

——（法）蒙田

尽力保护自己的生命原是每个人的天赋权。

——（意）卜伽丘

我们需要注意的不是死亡而是生命。

——（法）乔治·桑

对于死，最良好的准备就在于生活的最好。

——（日）阿部次郎

人人必死无疑，干吗不快快活活？

——（德）尼采

生命在于矛盾，在于运动，一旦矛盾消除，运动停止，生命也就结束了。

—— 歌德《浮士德》

运动是一切生命的源泉。

—— 达芬奇《论绘画》

身体是革命的本钱。旺盛的精力寓于健康的身体。

—— 吴运铎

身体的活力比美丽更好。

——《伊索寓言》

科学的基础是健康的身体。

——（法）居里夫人

良好的健康状况和由之而来的愉快情绪，是幸福的最好奖金。

—— 斯宾塞引自《知识》

健全自己身体，保持合理的规律生活，这是自我修养的物质基础。

—— 周恩来

精神畅快，心气平和。饮食有节，寒暖当心。起居以时，劳逸均匀。

—— 梅兰芳

健康的定义包括：生理健康、心理健康、社会适应良好、道德健康。

—— 世界卫生组织（WHO）

健康四大基石：合理膳食、适量运动、戒烟限酒、心理平衡。

—— WHO 维多利亚宣言

物盛而衰，乐极生悲。

—— 刘安《淮南王》

骄奢生于富贵，祸乱生于所思。

——李世民引自《资治通鉴》

山重水复疑无路，柳暗花明又一村。

—— 陆游《游山西村》

牢骚太盛防肠断，风物长宜放眼量。

—— 毛泽东

老夫喜作黄昏颂，满目青山夕照明。

—— 叶剑英

夕阳无限好，只是近黄昏。

——（唐）李商隐

壮心未与年俱老，死去犹能做鬼雄。

——（宋）陆游

壮志已怜成白发，余生犹待发青春。

——（宋）葛立方

老骥伏枥，志在千里。烈士暮年，壮心不已。盈之期，不但在天。养怡之年，可得永年。

——（魏）曹操

莫道桑榆晚，为霞尚满天。

——（唐）刘禹锡

莫叹蹉跎自发新，应须守道勿贪。

——（唐）《岑参集》

此身更似蚕将老，更尽春光一再眠。

—— （清）曹延栋

是故圣人不治已病治未病，不治已乱治未乱；夫病已成而后药之，乱已成而后治之，譬犹渴而掘井，斗而铸兵，不亦晚呼。

——《黄帝内经》

正气存内，邪不可干；邪之所凑，其气必虚。

—— （汉）张仲景

把一元钱花在预防上，可以节省 8.59 元医疗费，相应地节省大约 100 元的抢救费、误工劳动损失费、陪护费等。

——国家"九五"攻关项目

只要采取预防措施就能减少一半的死亡，也就是说有一半的死亡完全是可以预防的。权威人士强调：许多人不是死于疾病，而是死于无知。

——前世界卫生组织总干事中岛宏

千万不要死于无知。无知是健康的杀手，无备是生命的隐患。

—— 世界卫生组织

健康不是一切，但没有了健康就没有了一切。

—— 吴阶平

每个老年人的死亡，等于倾倒了一座博览库。

—— 高尔基

阳光、空气、水和运动，是生命和健康的源泉。

要让食物变成你的药物，不要让药物变成你的食物。

——《希波克拉底文集》

谚语、格言、时尚用语、流行语

健康谚语、格言

地位是临时的，荣誉是过去的，金钱是身外的，只有健康是自己的。

生活的质量来自保健，长寿的秘诀源于保健。

腾不出时间保健的人，早晚会腾出时间生病。

聪明的人投资健康，明白人爱护健康，普通人漠视健康，糊涂人透支健康。

人活百岁不是梦，八十岁能爬山，九十岁能走路，一百岁能生活自理。

饮食有节，利身益寿。

凡欲治疗，先以食疗。

每顿省一口，活到九十九。

饭过百步走，活过九十九。

要想长寿，动骨运筋；要想体健，天天锻炼。

生命在于运动。

没有一个长寿者是懒汉。

少饮酒，健康之友；多饮酒，罪魁祸首。

抽烟——生命的微笑杀手；吸烟是死亡的"加速器"，吸烟就是花钱买死亡。

笑一笑，十年少，愁一愁，白了头。

笑口常开，健康长在。

心理平衡是健康的金钥匙。

健康快乐 100 年，未病先防是关键。

健康时尚用语

新世纪健康秘诀五连冠：

一个中心：二十一世纪以人为本，以健康为中心，送礼送健康。

二个基本点：做人潇洒一点，小事糊涂一点。

三个忘记：忘记年龄，忘记过去，忘记恩恩怨怨。

四大健康基石：合理膳食，适量运动，戒烟限酒，心理平衡。

五个最好：最好的医生是自己，最好的药物是时间，最好的运动是步行，最好的心情是宁静，最好的享受是不生病。

快乐人生十个点：

活泼潇洒一点，小事糊涂一点，度量大一点，风格高一点，站的高，望的远一点，开朗乐观一点，幽默风趣一点，休闲爱好多一点，待人真诚一点，做事认真一点。

完全健康十大行动：

吃一粒维生素，学一项心理测验，做一种有氧代谢运动，测一次身体素质，做一套体检，喝一杯牛奶，测一个体质指数，打一针肺炎疫苗，服一粒钙片，服一片阿司匹林。

健康秘诀三大作风，八项主义：

三大作风：助人为乐，自得其乐，知足常乐。

八项主义：日行八千步，睡眠八小时，三餐八分饱，一天八杯水，养心八珍汤，强体八段锦，无病八十八，长寿一百零八。

健康流行语

知识是健康的宝库，文明是防病的武器。

健康面前人人平等。

健康的钥匙在自己手里。

聪明者透支金钱买健康，愚昧者透支生命买死亡。

牢记睡眠"三个半"，心病中风少一半，早午晚"三个半"，健康快乐一百年。

少吃多动，苗条轻松，饭前一碗汤，苗条又健康，饭后一碗汤，越吃越肥胖。

新鲜水果蔬菜，保健防病抗癌，多吃新鲜水果蔬菜，血栓癌症减少一半。

饮料中茶叶最好，茶叶中绿茶最好，越喝绿茶越减轻，喝出"茶寿"百岁翁。

坚持步行运动，健康快乐不生病。

天天三笑容颜俏，七八分饱人不老，相逢借问苗春术，淡泊宁静比药好。

长寿养生歌

《十叟长寿歌》

宋薇

昔有行路人，海滨逢十叟，年皆百余岁，精神加倍有。诚心前拜求，何以得高寿？

一叟拈须曰：我不嗜研究；（戒烟忌酒）

二叟笑莞尔：淡泊甘蔬糗；（清淡素食）

三叟整衣袖：服劳自动手；（勤于劳动）

四叟拄石柱：安步当车久；（以步代车）

五叟摩巨鼻：清气通窗牖；（空气流通）

六叟抚赤额：沐日令颜黝；（沐浴日光）

七叟运阴阳：太极日月走；（练太极拳）

八叟理短鬏：早起亦早休；（早睡早起）

九叟额首频：未作私利求；（排除私念）

十叟轩双眉：坦坦无忧愁。（开朗乐观）

《五叟长寿歌》

这是流传在我国民间的一首养生长寿民谣。

昔有行道人，陌上见五叟。

年上百余岁，相与锄禾莠。

往前问五叟，何以保此寿？

上叟前致词：大道抢天寿。（懂得养生之道而得以长寿）

二叟前致词：寒暑每节宜。

三叟前致词：量腹节所受。

四叟前致词：单眠不蒙首。

五叟前致词：善言不离口。（与人为善，心平气和，好言待人）

善哉五叟言，所以能长久。

《益寿三字经》

佚名

动为纲，步经常。日三餐，进营养。

勿暴饮，宜定量。重食疗，口味香。

起居处，有阳光。须早起，睡硬床。

勤沐浴，体舒畅。会休息，才健康。

常梳发，擦面庞。舌添腭，叩齿响。

背宜暖，咽津常。摩腹部，护胸膛。

不吸烟，少酒量。讲和睦，心宽畅。

恐与怒，肾肝伤。忧和郁，申不爽。

行路时，防碰撞。精气神，善调养。

应知足，乐常享。爱整洁，环境良。

笑一笑，年少壮。勤用脑，寿延长。

《养生二十宜》

佚名

发宜常梳，面宜多擦，

目宜常运，耳宜常弹，

舌宜舔腭，齿宜数叩，

便宜禁口，浊宜常呵，

体宜常动，肛宜常提，

身宜常浴，足宜常洗，

精宜常固，气宜常养，

心宜常宽，神宜常凝，

营养宜备，饮食宜慎，

起居宜时，劳逸宜均。

《宽心谣》

佚名

日出东海落西山，愁也一天喜也一天。

遇事不钻牛角尖，人也舒坦心也舒坦。

每月领取养老钱，多也喜欢少也喜欢。

少荤多素日三餐，粗也香甜细也香甜。

新旧衣服不挑拣，好也御寒赖也御寒。

常与知己聊聊天，古也谈谈今也谈谈。

内孙外孙同样看，儿也心欢女也心欢。

全家老少互慰勉，贫也相安富也相安。

早晚操劳勤锻炼，忙也乐观闲也乐观。

心宽体健养天年，不是神仙胜似神仙。

《孙真人卫生歌》节录

卫生切要知三戒，大怒大欲并大醉。

三者若还有一焉，须防损失真元气。

欲求长生先成性，火不出兮心自定。

木还去火不成灰，人能戒性还延命。

贪欲无穷忘却精，用心不已失元神。

劳形散尽中和气，便仗何因保此身。

心若太费费则劳，形若太劳劳则怯。

神若太伤伤则虚，气若太损损则绝。

世人欲知卫生道，喜乐有常嗔怒少。

心诚意正思虑除，顺理修身去烦恼。

发宜多梳气宜练，齿宜数叩津宜咽。

子欲不死修昆仑，双手揩摩常在面。

春月少酸宜食甘，冬月宜苦不宜咸。

夏月增辛略减苦，秋来辛减少加酸。

季月大咸甘略戒，自然五脏保平安。

若能全减身健康，滋味能调少病难。

身旺肾衰色宜避，养肾固精当节欲。

常令肾实不空虚，日食须知忌油腻。

太饥伤神饥伤胃，太渴伤血多伤气。

饥餐渴饮莫太多，免至膨胀损心肺。

醉后强饮莫强食，去此二者不生痰。

人资饮食以养生，去其甚者自安逸。

食后徐行百步多，手摩脐腹食消磨。

坐卧防风吹脑后，脑内受风人不寿。

更兼醉饮卧风中，风入五内成灾咎。

养体须当节五辛，五辛不节反伤身。

莫教引动虚阳发，**精竭容枯百病侵**。

恩爱牵缠不自由，利名萦伴几时休。

放宽性子留余福，免致中年早白头。
身要寿永争如何，胸次平夷积善多。
惜命惜身兼惜气，请君熟玩卫生歌。

《卫生诗》

郭伯康

自身有病自心知，身病还将心药医。
心境静时身亦静，心生却是病时生。

《自戒》

苏轼

出舆入辇，蹶瘘之机；
洞房清宫，寒热之媒；
皓齿娥眉，伐性之斧；
干脆肥浓，腐肠之药。

《自觉》

白居易

四十未为老，忧伤早衰恶。
前岁二毛生，今年一齿落。
形骸日损耗，心事同萧索。
夜寝与朝夕，其间味亦薄。
同岁农舍人，容光方灼灼。
始知年与貌，盛衰随忧乐。
畏老老转逼，忧病病弥缚。
不畏复不忧，是除老病前。

《养生诗》二首

陆游

整衣佛儿当闲嬉，时取曾孙竹马骑。

故故小劳君会否？户?? 流水即吾师。

一帚常在旁，有暇即扫地。

既省课童奴，亦一平血气。

按摩与导引，虽善亦多事。

不如扫地法，延年直差易。

《闲适》二首

关汉卿

意马妆，心猿锁，跳出红尘恶风波。槐阴午梦谁惊破？离了名利场，钻入安乐窝，闲快活！

南亩耕，东山卧，事态人情经历多。闲将往事思量过：贤的是他，愚的是我，争什么？

《养生论》

葛洪

无久坐，无久行，无久视，无久听。

不饥强食则脾伤，不渴强饮则胃胀。

休欲常劳，食欲常少；

劳勿过极，少勿过饥。

冬朝勿空心，夏夜勿饱食。

早起不在鸡鸣前，晚起不在日出后。

《马礼堂养身格言》

神不外驰，精神内守。话要少说，心常快乐。

食勿过饱，体勿过劳。好事多做，助人为乐。

虚怀若谷，勇于认错。理得心安，改怒为乐。

富贵与我如浮云，乐天知命。

衣食住行要知足，随遇而安。

工作必须认真，做到"忠"字。

多替别人着想，做到"恕"字。

名誉地位不计较，胸怀坦荡永保中和之气，做到"仁"字。

精是宝，勿轻泄。气是宝，勿轻发。神是宝，勿过劳。

不发火，养肝气。不妄想，养心气。

节饮食，养脾气。戒烟酒，养肺气。戒房劳，养肾气。

尽做好事养正气，大度包容常顺气，

待人礼貌养和气，吃亏忍耐培福气，

仗义疏财讲义气。

孝敬父母，亲爱手足。和乐妻室，严教儿女。厚待亲朋，保养
真气。

睦美精神足，心空意自恬。

知足常快乐，无欲永平安。

《养生十六字诀》

爱心觉罗·弘历

吐纳肺腑，活动筋骨，

十常四勿，适时进补。

（注：十常：齿常叩、津常咽、耳常弹、鼻常揉、眼常运、面常摩、足常
搓、腹常旋、肢常伸、肛常提。四勿：食勿言、卧勿语、饮勿醉、色勿迷。）

《养心长寿诗》

佚名

无忧无虑亦无求，何必斤斤计小筹。

明月清风随意取，青山绿水任遨游。

知足胜过长生药，克己乐为孺子牛。

切莫得陇犹望蜀，神怡梦隐慢白头。

《不气歌》
闫敬铭

他人气我我不气，我本无心他来气。倘若生气中他计，气出病来无人替。请来医生将病治，反说气病治非易。气之危害太可惧，诚恐因病将命弃。我今尝够气中气，不气，不气，就不气。

《莫生气》
佚名

人生就像一场戏，因为有缘才相聚。相持到老不容易，是否更该去珍惜。为了小事发脾气，回头想想又何必。别人生气我不气，气出病来无人替。我若生气谁如意，况且伤神又费力。邻居亲友不要比，儿孙琐事由他去。吃苦享乐在一起，神仙羡慕好伴侣。

参 考 文 献

1 尹淑敏，等．甲壳素/壳聚糖专题索引（1981～1997）．中国甲壳质资源研究开发应用学术研讨会论文集．青岛：1997．

2 陈耀华．CBM（中国生物医学文献数据库）和 Medline（National Library of Medicine, U. S）检索材料（内部资料）．1994～1999．

3 7th International Conference on Chitin and Chitoson Lyon – France Sepceber 3 – 5 1997. Organized by the European Chitin Socity

4 （日）松永亮．奇绩的甲壳质．台湾：青春出版社，1995

5 （日）旭丘光志．甲壳质·壳糖胺的惊人临床疗效．台湾：世茂出版社，1995．

6 中国甲壳质研究会（筹）主编．世界中西医结合大会甲壳质研究学术交流会论文汇编．北京：1997．

7 中国药学会海洋药物专业委员会等．中国第五届海洋湖泊药物学术开发研究会论文集．青岛：1998．

8 （日）平野茂博．梦系蟹壳—甲壳素与壳聚糖的化学．化工时刊，1992，5：22．

9 Shigehiro H（张虞安节译）．甲壳质在日本的应用．中国海洋药物杂志，1993，2：56．

10 黄文谦，等．天然高分子甲壳素/壳聚糖的最新进展．化工进展，1998，6：23．

11 陈天，等．甲壳素及其衍生物在生物医学上的应用．生物医学工程杂志，1989，6：60．

12 谭天瑞．甲壳素、壳聚糖及其衍生物在制剂上的应用．中国药学杂志，1990，8：453．

13 顾其胜．医用几丁聚糖在临床医学中的应用．上海生物医学工程杂志，1988，2：38．

14 温玉麟．甲壳质及其衍生物在药物制剂中的应用．中国海洋药物杂志，1989．1：33．

15 王爱勤，等．水溶性甲壳质、甲壳胺及其衍生物的制备与应用．中国海洋药物杂志. 1996, 3：31.

16 曾宪放, 等. 甲壳质和甲壳胺壳聚糖的制备. 中国海洋药物杂志, 1995, 3：46.

17 曾宪放, 等. 甲壳质和甲壳胺的化学修饰及应用. 中国海洋药物杂志, 1992, 4：29.

18 王爱勤, 等. 壳聚糖的改性和应用研究. 中国生化药物杂志, 1997, 1：16.

19 卫生部中国医疗保健国际交流促进会等. 98 国际海洋年几丁质、几丁聚糖应用学术研讨会论文汇编. 青岛：1998.

20 赵朝晨. 甲壳质与现代医疗保健. 辽宁省甲壳质研究会, 1998.

21 辽宁省甲壳质研究会, 沈阳农业大学. 2000 年辽宁省甲壳质农业应用研讨推广会文献汇编. 沈阳：2000.

22 蒋挺大. 甲壳素. 北京：中国环境科学出版社, 1996.

23 蒋挺大. 壳聚糖. 北京：化学工业出版社, 2002.

24 中国化学会, 等. 第五届甲壳素化学生物学与应用技术研讨会论文集. 南京：2006.

25 刘万顺, 等. 羧甲基多糖毒理学研讨. 中国海洋药物杂志, 1997, 3：17.

26 徐学银, 等. 甲壳素的一般药理学研究. 中国生化药物杂志, 1995, 3：114.

27 章莹. 几丁质应用于肿瘤治疗的现状. 国外医学肿瘤学分册, 1996, 6：347.

28 何松裕, 等. 甲壳素对有毒及放射性金属离子吸附作用的研究. 化学世界, 1996, 5：252.

29 吕朋, 等. 壳聚糖在医药保健中的应用. 中国海洋药物杂志, 2001, 6：83.

30 杜昱光, 等. 壳寡糖抑制肿瘤作用的研究. 中国海洋药物杂志, 2002, 2：18.

31 王中和, 等. 低分子壳多糖对癌症放疗患者免疫功能的影响. 首都医科大学学报, 1997, 1：80.

32 胡志鹏. 壳寡糖的研究进展. 中国生化药物杂志, 2003, 4：210.

33 王芳宇, 等. 水溶性壳寡糖抗肿瘤作用的实验研究. 中国生化药物杂志,

2001，1：21.

34 魏涛，等. 壳寡糖降脂、降糖、增强免疫作用的研究. 中国甲壳质资源研究开发应用学术论文集（下册），青岛：1996.

35 刘艳如，等. 水溶性壳聚糖对小鼠免疫功能与移植物肿瘤的影响. 福建大学学报，1999，15：66.

36 刘明河，等. 甲壳质低聚糖抑菌性能鉴定. 生物技术，2005，3：36.

37 张真庆，等. 寡糖的生物活性及海洋性寡糖的潜在应用价值. 中国海洋药物杂志，2003，3：51.

38 张树政. 糖生物学—生命科学的新前沿. 生命的化学，1999，3：103.

39 张树政. 糖生物学与糖生物工程，北京：清华大学出版社，2003.

40 （英）莫琳·E·泰勒，库尔特·德里卡默. 糖生物学导论. 北京：化学工业出版社，2006.

41 中国科学院大连化学物理研究所格莱克壳寡糖研究中心. 神奇的壳寡糖.（内部资料）2007.

42 中国医促会中老年健康课题研究基地，山东科尔生物医药科技开发有限公司. 壳寡糖知识100问（内部资料），2007.

43 余从年. 医学细胞生物学. 北京：科学出版社，2007.

44 裘娟萍，等. 生命科学概论. 北京：科学出版社，2007.

45 张自立，等. 现代生命科学进展. 北京：科学出版社，2007.

图书在版编目（CIP）数据

人类健康的金钥匙——壳寡糖/陈耀华主编. —北京：中国医药
科技出版社，2008.8

ISBN 978 - 7 - 5067 - 3811 - 8

Ⅰ. 人… Ⅱ. 陈… Ⅲ. ①多糖—基本知识②多糖—关系—
健康 Ⅳ. ①Q539 R161

中国版本图书馆 CIP 数据核字（2008）第 117263 号

美术编辑 陈君杞
版式设计 程　明

出版　中国医药科技出版社
地址　北京市海淀区文慧园北路甲 22 号
邮编　100082
电话　发行：010 - 62227427　邮购：010 - 62236938
网址　www.cmstp.com
规格　850×1168mm ¹⁄₃₂
印张　5¼
彩插　10
字数　145 千字

版次　2008 年 8 月第 1 版
印次　2022 年 9 月第 9 次印刷
印刷　三河市航远印刷有限公司
经销　全国各地新华书店
书号　ISBN 978 - 7 - 5067 - 3811 - 8
定价　**25.00 元**